NOAM CHOMSKY
im Gespräch
mit Emran Feroz

KAMPF ODER UNTERGANG!

Warum wir gegen die Herren der Menschheit aufstehen müssen

WESTEND

Mehr über unsere Autoren und Bücher:
www.westendverlag.de

Die Deutsche Nationalbibliothek verzeichnet diese Publikation in der Deutschen Nationalbibliografie; detaillierte bibliografische Daten sind im Internet über http://dnb.d-nb.de abrufbar.

FSC
www.fsc.org
MIX
Papier aus verantwortungsvollen Quellen
FSC® C083411

3. Auflage 2018
ISBN 978-3-86489-233-2

Umschlaggestaltung: Buchgut, Berlin
Satz: Publikations Atelier, Dreieich
Druck und Bindung: CPI – Clausen & Bosse, Leck
Printed in Germany

Inhalt

Einleitung

Im Zeitalter der Renaissance gab es den »uomo universale« – Universalgelehrte, die verschiedene Gebiete gemeistert hatten und als Experten in Kunst, Wissenschaft und zahlreichen anderen Bereichen betrachtet wurden. Leonardo da Vinci war einer von ihnen, für manche Menschen sogar einer der letzten. Derartige Denker waren nicht nur im Okzident, sondern auch im Orient zugegen. Philosophen, Mathematiker, Ärzte, Dichter und Theologen waren unter ihnen. Derartige Alleskönner, deren Persönlichkeit in breiten Kreisen hohes Ansehen und Gewicht hat, sind in unserem gegenwärtigen, postmodernen Zeitalter kaum noch auffindbar. Man hat den Eindruck, dass die Menschen verdummen und sich immer weiter dem Abgrund nähern, während sie im Dunst der Globalisierung und des Kapitalismus ihren selbstzerstörerischen Tätigkeiten nachgehen. Ein Mensch, der sich alldem seit Jahrzehnten widersetzt, ist Noam Chomsky. Für viele Menschen steht außer Frage, dass Chomsky zu den bedeutendsten Intellektuellen der Welt, ja womöglich sogar der modernen Menschheitsgeschichte gehört. Sollte es in unserer Welt noch im Ansatz irgendwelche Personen geben, die man mit dem »uomo universale« der Renaissance in Verbindungen bringen kann, dann gehört Chomsky ohne jeglichen Zweifel dazu. Bereits in jungen Jahren revolutionierte er die Linguistik mit seinen Theorien, etwa mit der sogenannten Chomsky-Hierarchie, die formale Grammatiken und Sprachen klassifiziert und einordnet. Chomskys wissenschaftliche Arbeit spielt sowohl in der Mathematik als auch in der Informatik bis heute eine wichtige Rolle. Die mathematische Formalisierung von Sprachen gehörte unter anderem auch zu den Grundlagen der Computerlinguistik und maschineller Sprachübersetzung.

Es war auch die Sprachwissenschaft, die Chomsky zu seinem nächsten wichtigen Anliegen führte: dem politischen Geschehen. Als Linguist, Publizist, Aktivist und Philosoph veröffentlichte Chomsky zeit seines Lebens mehr als einhundert Bücher. Bedeutend sind in dieser Hinsicht insbesondere seine medientheoretischen Arbeiten, wie etwa *Manufacturing Consent: The Political Economy of the Mass Media*, in der er zusammen mit dem amerikanischen Medienanalysten Edward S. Hermann seine Theorie zum Propagandamodell darlegt. In dem Buch, das mittlerweile als Standardwerk gilt, belegen Chomsky und Hermann die umfassende Manipulation der amerikanischen Medien durch verschiedene politische und wirtschaftliche Interessengruppen. Was Chomsky sagt, das gilt und hat Gewicht – selbst in konservativen oder neoliberalen Kreisen, die ansonsten nicht viel von Menschen seines Schlages halten. Doch so traurig und womöglich auch makaber es klingen mag: Menschen wie Noam Chomsky gehören im 21. Jahrhundert zu einer aussterbenden Art. Viele intellektuelle Mitdenker und Gefährten Chomskys sind bereits gestorben, wie etwa der kritische US-Historiker Howard Zinn, der pakistanische Intellektuelle Eqbal Ahmad oder der palästinensische Literaturkritiker Edward Said. Die Arbeit und das politische Engagement dieser und vieler anderer Menschen werden von Chomsky allerdings nicht nur fortgeführt, sondern auch vereint. Der ehemalige MIT-Professor ist das Paradebeispiel eines Intellektuellen, der sich gegen das vorherrschende System stellt und dieses radikal infrage stellt. Da wundert es nicht, dass Chomsky im Laufe seines Lebens immer wieder heftig kritisiert wurde. Für einige gilt er nicht nur als »Anti-Amerikaner«, sondern aufgrund seines jüdischen Hintergrunds und seiner scharfen Kritik an Israels Politik als »selbsthassender Jude«. Doch Chomsky scheut den rhetorischen Schlagabtausch nicht und scheint stets die passende Antwort parat zu haben. In den meisten Fällen verblüfft er damit nicht nur seine Kontrahenten, sondern entzieht ihrer Argumentation die Grundlage. Gleichzeitig bleibt Chomsky dabei seiner Rolle als Intellektueller treu und ist sich auch der Verantwortung bewusst, die er damit trägt. Mehrere Generationen wurden von Chomskys Einfluss geprägt. Als ich damit begann, Chomskys Werke zu lesen, galt dieser bereits als ein Koloss, ja fast schon als eine Legende. Besonders auffallend ist allerdings Chomsky Unnachgiebigkeit. Er steht zu seinen Thesen, zu dem, was er sagt, und wird nicht müde, seine Gedanken immer wieder aufs Neue darzulegen. Wer Chomsky kennt, weiß oftmals im Voraus, was er zu dieser und jener Thematik zu sagen hat – und doch will man ihn abermals zuhören und lesen, denn er fasziniert sein Publikum wie kein Zweiter.

Immer wieder warnt Chomsky, dass sich die Menschheit derzeit in der bedrohlichsten Phase ihrer Geschichte befindet. Die massive Ungleichheit und Armut, der Klimawandel und der stets mögliche Nuklearkrieg haben die totale Selbstzerstörung menschlichen Lebens erstmals zu einer realen Gefahr werden lassen. Nur wenn die Probleme unserer Zeit richtig erkannt und gelöst werden, können wir den Sturz über die Klippe noch abwenden. Gewaltige Aufgaben, welche die Weltgemeinschaft nur gemeinsam lösen kann. Dennoch gibt es sehr wohl einige Staaten, denen eine besondere Rolle zufällt. Denn auch im gegenwärtigen internationalen Staatensystem gibt es einige, die im Orwell'schen Sinn wortwörtlich »gleicher« sind als andere. Dies betrifft in erster Linie die Vereinigten Staaten von Amerika, dem größten Imperium der Geschichte. Noam Chomsky übt immer wieder scharfe Kritik an der Politik seines Heimatlandes, gerade weil er sich als US-amerikanischer Intellektueller in besonderem Maße für das Handeln seines Staates und dessen Regierung verantwortlich fühlt. Doch trotz seiner zahlreichen düsteren Prognosen ist Noam Chomsky ein überaus optimistischer Mensch geblieben, mit einem tiefen Glauben an das Gute im Menschen und an die Fähigkeit der Menschheit, ihre selbst geschaffenen Probleme auch selbst zu lösen.

Das vorliegende Buch besteht aus mehreren Interviews, die ich mit Noam Chomsky führten durfte. Es macht die Ansichten eines Mannes deutlich, der die Probleme unserer Welt deutlich erkennt und beschreibt. Noam Chomsky hat fast ein ganzes Jahrhundert erlebt, und seine Beobachtungen machen dies oftmals auch deutlich. Gerade in einer Welt im gegenwärtigen Zustand werden jene Menschen dringend gebraucht, die mit ihrem Denken und ihren Worten den Wandel anstoßen können.

1 Tucson, Arizona

Seit 2017 wohnt Noam Chomsky gemeinsam mit seiner Ehefrau Valeria in Tucson im US-Bundesstaat Arizona. Tucson liegt nahe der mexikanischen Grenze und gilt als eine liberale Bastion im Süden des Landes. Das Linguistik-Institut der Universität von Arizona ist ein bescheidendes Gebäude. Im Gegensatz zu den prunkvollen Sälen der Elite-Universitäten des Landes hat man hier eher den Eindruck, dass das Budget eher knapp bemessen ist. Die Lehrräume und Büros sind etwas in die Jahre gekommen. Alte Bücher stapeln sich in den Ecken, während Ventilatoren gegen die stickige, heiße Luft, die bei 45 Grad im Schatten schnell entstehen kann, kämpfen. Beim Betreten des Gebäudes wird schnell deutlich, wer der »Held« des Instituts ist. »Sie suchen Noam Chomsky? Dann bitte einfach nach links«, so ein Hinweis auf einem Flachbildschirm, auf dem allgemeine Informationen zum Gebäude zu finden sind. Am Ende des Ganges auf der linken Seite, im Büro 234, ist dann zu lesen: »Noam Chomsky, Laureate Professor«. Der Personalplan des Instituts hinterlässt ebenso seinen eigenen Eindruck. Neben all den Namen und Gesichtern sticht der »Gründer der modernen Linguistik«, wie Chomsky hier genannt wird, sofort ins Auge. Umso bescheidener verweilt Chomsky in seinem spärlich eingerichteten Büro. Die Regale sind leer. Kartons sind im Raum verteilt. Man merkt, dass der Umzug noch nicht allzu lange her ist. Das Büro wird nur von zwei Bildern geschmückt: einem von Martin Luther King sowie einem von Bertrand Russell. Die dritte Legende im Raum ist Chomsky selbst, und jeder im Institut, ja, womöglich in der ganzen Stadt, weiß das.

Emran Feroz: Wir sind hier in Tucson im US-Bundesstaat Arizona. Sie bezeichnen diesen Ort oft als »besetztes Mexiko«. Andere behaupten, dass dies besetztes, indigenes Land sei. Wo befinden wir uns denn nun wirklich?

Noam Chomsky: Während des Zeitalters der europäischen Invasion Amerikas lebten vielleicht achtzig Millionen Menschen in der westlichen Hemisphäre. Gegenteilig zu dem, was man glaubte, wurde vor Kurzem bewiesen, dass es zum damaligen Zeitpunkt in Nordamerika große Städte und kultivierte Regionen gab. Das Landwirtschaftssystem in Bolivien gehörte zu den fortschrittlichsten der Welt. Es gab einen weitreichenden Handel. Das meiste hierzu wird seit den 1960er-Jahren entdeckt. Bis dahin war die gängige Vorstellung jene, dass zum besagten Zeitpunkt lediglich eine Million Menschen in der westlichen Hemisphäre lebten, sprich viel weniger als 80 Millionen. Man dachte, dass es auf dem amerikanischen Kontinent nur wenige große Zentren, wie jene der Mayas oder der Inkas, gab. Diese Vorstellung war von der Zeit der Aufklärung bis hin in die 1960er-Jahre verbreitet. Der Aktivismus der 1960er-Jahre war in gewisser Hinsicht eine »zweite Aufklärung«. Er brach viele Barrieren und öffnete Türen, um bestehende Narrativen herauszufordern – vor allem bezüglich der Forschung rund um das indigene Amerika. Die ersten Arbeiten hierzu wurden von Nicht-Akademikern in Gang gebracht. Ein Beispiel hierfür ist Francis Jennings, der Kurator eines Museums für indigene Angelegenheiten gewesen ist. Er schrieb eines der ersten Bücher über die Invasion Amerikas, und im Laufe der darauffolgenden Zeit veränderten sich einige Dinge radikal.

Wenn Sie über diesen Campus laufen, werden Sie bemerken, dass es Monumente gibt, die an die Zerstörung des indigenen Amerikas erinnern. Es gibt Kurse für indigene Sprachen und viele Studenten mit indigenen Wurzeln. Es gibt hier zwar keinen ausreichenden, aber immerhin einen gewissen Respekt für die indigene Kultur. Als die Spanier Mexiko einnahmen, gingen sie sehr brutal und gewalttätig vor. Einige spanische Siedler blieben. Die Bevölkerung Mexikos ist demnach eine komplizierte Mischung von Menschen spanischer und indigener Herkunft. Viele sind weiterhin indigen. Ähnlich verhält es sich in Zentral- und Südamerika, wo sich ebenfalls Migranten aus Europa ansiedelten.

Bei der sogenannten Migrationskrise in den USA handelt es sich eigentlich um eine moralische Krise. Wenn Sie hinschauen, um wen es sich bei den Migranten handelt, die regelmäßig in Situationen von Terror und Gewalt, für die wir in weiten Teilen verantwortlich sind, abgeschoben werden, werden Sie feststellen, dass sehr viele von ihnen einen indigenen Hintergrund haben. Man kann sagen, dass die Bestrafung und Zerstörung der indigenen Bevölkerung auf dem Kontinent noch lange kein Ende gefunden hat. Menschen, die aus Zentralamerika kommen, flüchten meistens vor Gewalt und Zerstörung, die von den Vereinigten Staaten geschaffen worden sind, allen voran in den Reagan-Jahren. In Europa findet mehr oder weniger dasselbe Szenario statt, was jedem einleuchtet, der die gemeinsame Geschichte Europas und Afrikas kennt.

Doch um auf die eigentliche Frage bezüglich des Territoriums, auf dem wir uns jetzt befinden, zurückzukehren: Es war mexikanisches Territorium, genauso wie weite Teile des Südwestens bis hin zu Kalifornien. Die Amerikaner besetzten und eroberten das Land in der Mitte des 18. Jahrhunderts. Es fällt auf, dass die meisten Städtenamen spanisch sind. San Francisco, Los Angeles, San Diego und so weiter tragen diese Namen, weil sie zu Mexiko gehörten. Der damalige Krieg war womöglich der niederträchtigste Krieg in der Geschichte der USA. Diese Bezeichnung stammt nicht von mir, sondern von General Ulysses S. Grant, dem Kriegshelden und späteren Präsidenten, der im Bürgerkrieg als Junior Officer gekämpft hatte. Die gegenwärtige Forschung bestätigt das Urteil Grants. Mittlerweile können Sie das sogar in den führenden Zeitungen des Landes lesen. Ein wichtiges Buch zu der Invasion Mexikos trägt den Namen *Der niederträchtige Krieg*. Es wurde in der *Washington Post* rezensiert und zitierte Grant, dessen Beschreibungen man bestätigte. Das ist ein großer Wandel. Die gesellschaftliche Debatte ist seit den 1960er-Jahren um einiges zivilisierter geworden. Aber die Zerstörung der indigenen Bevölkerung gilt weiterhin als eine der größten Gräueltaten in der Geschichte der Menschheit. Millionen von Menschen wurden damals innerhalb eines Jahrhunderts ausgelöscht. All dies geschah bis ins 20. Jahrhundert, und jene, die das taten, wussten sehr genau, was sie da tun. Das ist alles kein Geheimnis.

Feroz: Heute wird nur noch sehr wenig darüber gesprochen. Hat sich die Wahrnehmung dieses Krieges im Laufe der Geschichte geändert?

Chomsky: Wir hatten mal ein Kriegsministerium in den USA. Das war noch im vor-orwellianischen Zeitalter. 1947 wurde das Kriegsministerium umbenannt. Es wurde plötzlich zum Verteidigungsministerium. Jeder mit klarem Verstand wusste allerdings, dass es nicht um Verteidigung ging, sondern ausschließlich um Aggression und Angriffe. Henry Knox, der erste US-amerikanische Kriegsminister, beschrieb, wie die Amerikaner eine Auslöschung der indigenen Bevölkerung durchführten und dabei Mittel benutzten, die sogar extremer und brutaler waren als jene der Eroberer in Südamerika. John Quincy Adams, eine der führenden Figuren des früheren Amerikas, schrieb einst vom Schicksal der »hilflosen Rasse der Nordamerikaner«, die ausgelöscht wurde. Sie wussten ganz genau, was sie da machten. Später wurde das Ganze dann verschönert. Es schien dann so, als ob die indigenen Völker einfach irgendwie verschwunden sind. Das Verständnis dieser Ereignisse hat sich seit den 1960er-Jahren verändert. Es ist ein Fakt, dass wir uns im indigenen Amerika befinden, aus dem Mexiko wurde. Ich denke, es ist legitim, vom »besetzten Mexiko« zu sprechen.

Feroz: In Ihren Werken und Vorträgen nutzen sie gerne die Perspektive des unbeteiligten Beobachters, des Aliens, der die Welt wie in einer Glaskugel betrachten kann. Falls außerirdische Lebewesen die Menschheit aus dem All beobachten würden, was würden sie sehen und denken, vor allem in Bezug auf unser politisches Verhalten?

Chomsky: Die Welt ist ein komplexer Ort, voller komplexer Interaktionen und beträchtlicher Vielfalt. Fokussieren wir uns auf das, was als »der Westen« bezeichnet wird, und auf einige andere Generalisierungen, die auffallend sind.

Was der Alien sehen würde, sind Gesellschaften, die eine Generation neoliberaler Politik durchlaufen haben, die den Markt zum gesellschaftlichen Zentrum erhoben hat (»business first«). Diese haben erwartungsgemäß zu einer Schwächung sozialer Bindungen und öffentlicher Institutionen – insbesondere von Gewerkschaften – geführt, die mit der Stagnation sowie des Niedergangs der Mehrheit und einer sehr starken Konzentration des Reichtums und der daraus folgenden Verschlechterung der funktionierenden Demokratien verbunden sind. Ein Resultat davon ist, dass Gesellschaften eher zu Plutonomien tendieren und zu einem Hort der zunehmenden Unsicherheit werden. In den USA – dem bei Weitem mächtigsten Staat der Geschichte und demnach auch dem wichtigsten Fall – hat diese Tendenz eine extreme Form erreicht.

Eine Vorstellung hierfür wird von den Ökonomen Lawrence Katz und Alan Krueger in einer Studie der Princeton University geliefert, in der festgestellt wird, dass 94 Prozent des Netto-Beschäftigungswachstums in der US-amerikanischen Wirtschaft von 2005 bis 2015 in alternativen Arbeitsverhältnissen entstanden sind. Es gibt wenig Grund zu der Annahme, dass sich diese Realitäten seitdem geändert haben.

Wenn wir diese alternativen Arbeitsregelungen und jene Menschen berücksichtigen, die aus dem Arbeitsmarkt ausgetreten sind, liegt die wahre Arbeitslosenquote nicht bei den viel beschworenen 3,8 Prozent, sondern bei ganzen 11 Prozent. Diese Diskrepanz besteht auch in anderen Industrienationen, aber in den USA ist es tatsächlich die dreifache Rate. Weltrekord! Darüber hinaus stellt die neoliberale Globalisierung eine globale Reservearmee von Arbeitern zur Verfügung, die Arbeitgeber zur Androhung von Produktionsverlagerungen nutzen können, sollten lokale Arbeitnehmer aufbegehren und ihre Rechte einfordern. Diese Praxis ist zwar illegal, Studien haben jedoch gezeigt, dass sie trotzdem ständig angewandt wird und dabei sehr effektiv ist.

In Anbetracht dieser Merkmale des Neoliberalismus ist es nicht schwer, das Paradox der Vollbeschäftigung und der niedrigen Löhne, von dem wir immer wieder hören und das viele Kommentatoren und Beobachter beunruhigt, zu verstehen. Dies betrifft auch die Tatsache, dass die Reallöhne für einfache Arbeiter heute um vier Prozent niedriger sind als in den 1970er-Jahren vor dem neoliberalen Angriff oder dass die Arbeitsproduktivität sich verdoppelt hat und die Löhne gesunken sind, während der Wohlstand in einige wenige Taschen gewandert ist.*

Es ist auch kein Wunder, dass die neoliberalen Programme als Erfolg gelten. Ihre Auswirkungen wurden schon vor Jahren auf höchster Ebene wohlwollend anerkannt. Vor 20 Jahren hat der Vorsitzende der Federal Reserve Bank, Alan Greenspan, jene Wirtschaft gepriesen, die angeblich unter seiner Führung florierte. Es hieß damals, dass der Erfolg auf die wachsende Unsicherheit der Arbeitnehmer zurückzuführen sei, was für die Wirtschaft gesund sei. Warum? Weil die Arbeiter zu eingeschüchtert sind, um nach höheren Löhnen oder Sozialleis-

* Siehe auch Robert Pollin: »Misleading Unemployment Numbers and the Neoliberal Ruse of «Labor Flexibility«, truthout.org, 19.9.2018

tungen zu streben. Dies würde die Inflation gering halten und die Gewinne hoch. Dies geschah in einer Zeit, in der man Greenspan unter anderem als »St. Alan« bezeichnete und als einen der größten Ökonomen der Geschichte pries, bevor das System 2007 beziehungsweise 2008 zusammenbrach. Daraufhin musste auch er einräumen, dass sein Verständnis von Märkten fehlerhaft gewesen ist.

Feroz: Was sind die Folgen einer solchen Politik, und wie würde das aus der Perspektive des Aliens aussehen?

Chomsky: Eine derartige Politik kreiert einen Teufelskreis aus bekannten Mechanismen: Die Konzentration des Reichtums führt zu einer noch stärkeren Konzentration politischer Macht, was wiederum zu einer Politik führt, die die Gräben zwischen der herrschenden Elite und dem Prekariat vertieft und die Demokratie noch weiter untergräbt. Resultate im politischen Verhalten der Menschen sind Wut, Angst, die Suche nach einem Sündenbock und die Verachtung für Institutionen. Wir bezeichnen das als Populismus und beobachten es zurzeit bei Wahlen rund um den Globus und vor allem in den USA.

Gleichzeitig gibt es in vielen Bereichen, einschließlich des politischen Systems, einen deutlichen Anstieg des Aktivismus. In den USA war das überraschendste Merkmal der Wahlen 2016 nicht die Wahl eines Milliardärs mit enormer Medienunterstützung und umfangreicher Wahlkampffinanzierung, sondern der bemerkenswerte Erfolg der Kampagne von Bernie Sanders. Mit ihm brach eine lange Tradition von Wahlen, deren Ergebnisse allein durch die Variable der »Wahlkampffähigkeit« mit großer Genauigkeit vorhersagbar waren. Wichtige Beiträge des Politikwissenschaftlers Thomas Ferguson machten dies deutlich.

Sanders fehlte die Finanzierung durch Firmen- oder Privatvermögen. Er wurde von den Medien ignoriert oder verunglimpft und benutzte sogar das beängstigende Wort »sozialistisch«, ein Schreckgespenst in den USA. Er hätte die Nominierung der Demokraten gewinnen können, wenn Obama und Clinton keine Parteimanager gewesen wäre. Ein anderes Beispiel ist das Phänomen rund um Jeremy Corbyn in England, der sich trotz heftiger Opposition seitens der Medien und der Eliten der Arbeiterpartei durchsetzen konnte.

Was der Außerirdische also sehen würde, ist etwas, das Antonio Gramscis berühmte Beschreibung einer alten Welt, die stirbt, während eine neue um ihre Geburt kämpft, entspricht. Ich denke, dass das natürlich nur eine erste Annäherung ist, aber sie ist ein wesentliches Merkmal des Gesamtbildes.

Feroz: Wie sieht es mit den »Herren der Menschheit« aus? Würden die Außerirdischen auch sie deutlich erkennen?

Chomsky: Adam Smith hatte kein Problem, diejenigen zu identifizieren, die er als »Herren der Menschheit« bezeichnete. Zu seiner Zeit waren das englische Kaufleute und Fabrikanten, die die »Hauptarchitekten der Politik« waren und dafür sorgten, dass ihre Interessen am meisten beachtet wurden, egal, wie schwerwiegend die Auswirkungen auf andere, einschließlich der Menschen in England waren. Die größten Opfer der krassen Ungerechtigkeit der Engländer waren jedoch anderswo – für Smith insbesondere in Britisch-Indien. In zweieinhalb

Jahrhunderten hat sich viel verändert, aber die Grundprinzipien sind dieselben geblieben.

Die heutigen Herren der Menschheit stammen aus der internationalen Investorenklasse, dem hoch konzentrierten und verzahnten Unternehmenssektor mit einer schnell wachsenden Komponente des Finanzkapitals, insbesondere nachdem sie durch den Abbau des Bretton-Woods-Systems durch Präsident Nixon und dann durch die massive Deregulierung des Crash-Bailout-Systems entfesselt wurden und die neoliberale Ära dominieren. Sie diktieren die Politik, wenn auch nicht ohne interne Meinungsverschiedenheiten, und sie bemühen sich sicherzustellen, dass ihre eigenen Interessen bedient werden, ungeachtet der Auswirkungen auf andere. Dies geschieht mit viel Erfolg, besonders in den letzten Jahren.

Feroz: Aber es gibt doch Unterschiede zwischen unserem Zeitalter und jenem Adam Smiths, oder nicht?

Chomsky: Zu Smiths Zeiten gab es einige widersprüchliche Machtsysteme: Seine anglozentristische Formulierung hatte nicht das Ziel, die globale Ebene zu erreichen, und das gilt auch heute noch. Die Vorherrschaft der USA in der globalen Gesellschaft in der Folge des Zweiten Weltkriegs war überwältigend und wurde bisweilen auf die Hälfte des Weltvermögens geschätzt. Ein Machtumfang ohne historische Präzedenzfälle. Doch dieses Bild veränderte sich mit der Zeit. In den 1970er-Jahren war die globale, staatskapitalistische Wirtschaft tripolar: Nordamerika, Deutschland und Nordostasien waren schon damals die am dynamischsten wachsenden Regionen. Schon bald kam ein rasch wachsendes China hinzu. Inzwischen ist der nationale Wohlstand der USA durch konventionelle Maßnahmen auf weniger als 20 Prozent der Gesamtzahl gesunken, was ungefähr die Hälfte der Schätzungen von 1945 ausmacht.

Herkömmliche Schätzungen des nationalen Reichtums in Bezug auf das BIP sind im Zeitalter der neoliberalen Globalisierung irreführend. Mittels komplex integrierter Versorgungsketten, Subunternehmen und anderer derartiger Instrumente hat eine Verschiebung stattgefunden. Der nationale Wohlstand ist kein realistischer Maßstab mehr für die globale Macht. Stattdessen muss man sich heute die Konzerne ansehen, die staatliche Unterstützung genießen. Es ist ihr Reichtum, der zählt, und nicht der Wohlstand der Bevölkerung. Die Welt weicht nämlich stärker als bisher vom Modell der nationalen, selbstständigen politischen Ökonomien ab. Der Wirtschaftswissenschaftler Sean Starrs kommt zu dem Schluss, dass Unternehmen in praktisch allen Wirtschaftszweigen – Industrie, Finanzen, Dienstleistungen, Einzelhandel und anderen – die Eigentumsverhältnisse der Weltwirtschaft mitbestimmen. Insgesamt liegt ihr Anteil am Eigentum bei fast 50 Prozent. Der heutige Anteil am Eigentum entspricht fast dem gesamten Reichtum der USA im Jahr 1945, als sich das Land auf dem historischen Höhepunkt seiner Macht befand.

Nach klassischer Betrachtung ist der US-amerikanische Wohlstand zurückgegangen, aber der Profit der US-Unternehmen in der globalisierten Wirtschaft ist förmlich explodiert.

Das immense Ausmaß dieses aufkommenden globalisierten Systems wird im Welt-Investitionsbericht der Konferenz der Vereinten Nationen für Handel und Entwicklung 2013 dargelegt. Sie schätzt, dass rund 80 Prozent des Welthandels innerhalb der globalen Wertschöpfungsketten von transnationalen Konzernen mit Sitz in den USA angesiedelt sind, die jedoch gerade einmal 20 Prozent der Arbeitsplätze weltweit ausmachen. All das kann nur zweifelhaft als »Handel« bezeichnet werden, da es sich um interne Transaktionen handelt, sprich um Kommandowirtschaften von Unternehmen.

Dies sind lediglich erste Annäherungen, wenn auch signifikante. Die Welt ist komplexer als jede einfache Beschreibung.

Feroz: Sie sagen oft, dass Intellektuelle in diesen Zeiten eine große Verantwortung tragen. Warum ist das so, und was für eine Art von Verantwortung meinen Sie?

Chomsky: Das Konzept des »Intellektuellen« ist seltsam. Allem Anschein nach scheint der gegenwärtige Sinn des Begriffes seit der Zeit der Dreyfus-Affäre gebräuchlich zu sein. Was auch immer die Kategorien für die Qualifikation sein mögen, Intellektuelle haben einerseits die gleichen Verantwortungen wie alle anderen, andererseits wiegt diese Verantwortung in ihrem Fall aufgrund ihrer Privilegien und Möglichkeiten schwerer. Wir alle haben die Verantwortung zu versuchen, Unrecht zu korrigieren, Missverständnisse zu überwinden und für das Gemeinwohl zu arbeiten. Das scheint naheliegend zu sein. Diejenigen, die als Intellektuelle bezeichnet werden, sind besonders gut in der Lage, diese notwendigen Aufgaben zu erfüllen, und haben daher größere Verantwortung als die meisten.

In der heutigen Welt sind gewisse Aufgaben in der Tat notwendig. Es ist unübersehbar, dass diese Generation zum ersten Mal in der Geschichte des Homo sapiens Entscheidungen treffen muss, die das Schicksal der organisierten, menschlichen Gesellschaft bestimmen und vieles vom Rest des Lebens auf der Erde. Dies begann schon mit dem Ende des Zweiten Weltkriegs und führte uns in das Atomzeitalter – eine Epoche, in der die menschliche Intelligenz Technologien mit dem Potenzial entwickelt hat, uns alle auszulöschen. Jene, die mit der schrecklichen Geschichte vertraut sind, werden wissen, dass es an ein Wunder grenzt, dass wir nach zahlreichen Unfällen und rücksichtslosen Aktionen von führenden Politikern bis jetzt überhaupt überlebt haben. Wir können nicht erwarten, dass derartige Wunder sich einfach fortsetzen und wiederholen. 1945 trat die Welt in eine neue geologische Ära ein, das Anthropozän. Diese Epoche ist geprägt von menschlichen Aktivitäten, die die Umwelt stark schädigen.

Feroz: Was bedeutet das konkret?

Chomsky: Die World Geological Organization begann Ende der 1940er-Jahre aufgrund der massiven Eskalation der schädlichen Auswirkungen, die durch die Menschheit verursacht wurden, sich mit dem Anthropozän zu beschäftigen. Wir befinden uns bereits im sechsten großen Massensterben. Dies bedeutet, dass wir Menschen uns auf dem Weg befinden, Arten so umfassend zu zerstören, wie es zuletzt vor 65 Millionen – während des fünften großen Massensterbens – geschah, als ein riesiger Meteorit die Erde traf und das Zeitalter der Dinosaurier beendete. Die gegenwärtigen Prognosen für die Menschheit und diesen Planeten sind düster. Um dem entgegenzuwirken, müssen ernsthafte Schritte eingeleitet werden.

Doch trotz dieser Realität weigert sich der mächtigste Staat der Welt, sich an globalen Bemühungen gegen die Zerstörung unserer Welt zu beteiligen. Stattdessen geschieht angesichts dieser bevorstehenden Tragödie das Gegenteil. Die USA nehmen an jenem Rennen Teil, das zur Zerstörung führen wird. Hinzu kommt die Tatsache, dass all das relativ wenig Aufmerksamkeit findet. Das ist ein Verbrechen, das buchstäblich keinen historischen Präzedenzfall hat.

Feroz: Wie wichtig sind in Anbetracht all dieser Probleme Intellektuelle? Was für eine Rolle spielen sie im Kampf gegen die »Herren«, und dienen sie überhaupt den unterdrückten Massen?

Chomsky: Wie bereits erwähnt, scheint der Begriff des Intellektuellen zur Zeit der Dreyfus-Affäre im modernen Sinne allgemein gebräuchlich zu sein. Wir mögen die Dreyfus'schen Intellektuellen heute ehren, aber damals wurden sie von der Elite, einschließlich der »Unsterblichen« der Académie française, bitter verurteilt, weil sie es wagten, den Heiligen Staat und seine Institutionen, insbesondere das Militär, zu verunglimpfen. Das ist ein Muster, das seither fortgesetzt wurde und das auf die früheste aufgezeichnete Geschichte zurückgeht. In den biblischen Aufzeichnungen gab es Menschen, deren geopolitische Analysen vor den schlimmen Folgen königlicher Entscheidungen warnten und die um Gnade für die Armen und Leidenden baten. Sie waren dem, was wir als »Intellektuelle« bezeichnen, in gewisser Weise ähnlich und wurden »Propheten« genannt – eine irreführende Bezeichnung eines obskuren hebräischen Wortes. Die Propheten wurden selten gut behandelt. Oftmals wurden sie eingesperrt, in die Wüste getrieben oder hart verurteilt. Der Inbegriff des Bösen in der Bibel war König Ahab, der den Propheten Elija als einen »Hasser Israels« (die übliche zeitgenössische Übersetzung des biblischen Satzes) verurteilte, weil er es gewagt hatte, die Verbrechen des Königs aufzudecken und anzuprangern. Das war das allererste historische Beispiel des sogenannten »jüdischen Selbsthasses«, ein Begriff, der heute häufig verwendet wird, um jüdische Kritiker israelischer Verbrechen zu brandmarken. Jahrhunderte später wurden die Schmeichler am Hof als »falsche Propheten« bezeichnet, zu diesem Zeitpunkt allerdings noch nicht.

Die Herangehensweise eines Intellektuellen mit Verantwortung wurde einmal von Henry Kissinger, einem der Meister dieser Kunst, erklärt. Demnach muss man zum »Experten« werden, der sich als fähig erweist, indem er den Gemeinplatz der Mächtigen auf höchster Ebene ausarbeitet und definiert. Einfach ausgedrückt: Man muss zum Schmeichler des Hofes werden. Dies ist ein Muster, das seit Jahrhunderten besteht. Am besten erkennen wir das bei befeindeten Staaten, deren mutige Dissidenten, die sich gegen das System aussprechen, wir verehren und bewundern. Der Begriff des Dissidenten scheint dabei aber nur Menschen aus ebenjenen Staaten vorbehalten zu sein. Gleichzeitig verachten wir dort die unehrenhaften Regierungsfiguren und Apparatschiks, die der Macht dienen. Doch zu Hause werden die Werte dann umgekehrt. Als angesehener Intellektueller gilt man dann nur, wenn man technokratisch ist und sich an der jeweiligen Politik orientiert.

Wie Dissidenten wahrgenommen werden, hängt also von der Gesellschaft ab. In der alten Sowjetunion – nach dem Zeitalter Stalins – konnte Václav Havel wegen seiner Weigerung, sich dem System unterzuordnen, inhaftiert werden.

In El Salvador wurden während des Kalten Krieges führende Jesuiten-Intellektuelle von den Sicherheitskräften des Regimes, die von den USA ausgebildet und bewaffnet wurden, abgeführt und per Kopfschuss hingerichtet. Menschen wie Václav werden zu Recht geehrt, doch seine Gegenstücke in unseren eigenen Breitengraden sind unbekannt. Ebenso wenig beachtet werden dabei auch unsere eigene historische Rolle und der Umgang mit Dissidenten in unserer Gesellschaft. Dieses Muster tritt immer wieder auf, es ist zum Standard geworden.

Wahrhaft kritische Intellektuelle werden in ihrer eigenen Gesellschaft meistens marginalisiert, verunglimpft oder ihnen wird eine Beschäftigung – etwa eine Arbeitsstelle – verweigert. Derartige Tendenzen wurden im Laufe der Geschichte immer wieder deutlich. Die Frage ist, inwiefern die »wilden Männer« zuhause und die »Dissidenten« in den sogenannten feindlichen Staaten notwendig sind. Ich denke, vieles ist auch ohne sie offensichtlich.

Feroz: Sie selbst gehören zu den berühmtesten Intellektuellen der Welt. Wann wurde Ihnen Ihre eigene Verantwortung bewusst?

Chomsky: Ich wiederhole: Die Verantwortung, die alle tragen, ist gleich, obwohl sie mit den jeweiligen Privilegien und den damit verbundenen Möglichkeit zunimmt. Abgesehen von der Bezeichnung als Intellektueller wurde mir – wie den meisten Menschen – meine Verantwortung als ein Kind, das in dieser Welt aufwuchs, bewusst.

Feroz: Sie meinten einmal, dass Sie die USA selbst dann zuallererst kritisieren würden, wenn sie nur für zwei Prozent der Probleme auf der Welt verantwortlich wären. Warum?

Chomsky: Aus demselben Grund, aus dem Dissidenten in der Sowjetunion, in Iran oder in anderen offiziellen »feindlichen Staaten« ihre Aufmerksamkeit zu Recht auf das Fehlverhalten ihrer eigenen Gesellschaft lenken. Andernfalls würde diese Kritik ja nur den Experten vom Schlage Kissingers in unseren Hemisphären überlassen. Ein weiterer Grund ist die Verantwortung für öffentliche Angelegenheiten, die ein wesentliches Maß für die Freiheit einer Gesellschaft ist. Abgesehen davon ist es eine Frage der Effektivität. Es ist immer angemessen, die Verbrechen eines jeden zu kritisieren, aber es wird wenig erreicht, wenn man dem anerkannten Kreis der Verurteilung offizieller Feinde beitritt, besonders wenn man ihre Handlungen kaum beeinflussen kann. Es kann jedoch viel erreicht werden, wenn man sich auf das Fehlverhalten in der eigenen Gesellschaft konzentriert, insbesondere in freieren Gesellschaften.

Feroz: Der verstorbene pakistanische Intellektuelle Eqbal Ahmad meinte einmal, dass er vor allem Ihre Geduld und Ihren Willen bewundere, zentrale Thesen immer wieder aufs Neue zu wiederholen. Er meinte, dass dies ein wesentliches intellektuelles Merkmal sei, besonders in unserem Zeitalter. Warum ist das Ihrer Meinung nach so wichtig?

Chomsky: Wenn die Thesen richtig und wichtig sind und zu Gramscis »hegemonialen, gesunden Menschenverstand« gehören, dann sollten sie wiederholt werden. Wenn nicht, dann nicht. Mein Freund Eqbal und ich hatten hierzu wohl dieselbe Meinungen. Doch andere können für sich selbst entscheiden.

Feroz: Hat der Wille zur Reflexion, zum gründlichen Nachdenken im Zeitalter von Trump und Twitter einen Tiefpunkt erreicht?

Chomsky: Was zurzeit passiert, ist ziemlich bemerkenswert. Die Umfrageergebnisse sind erstaunlich, insbesondere bei den Republikanern – keine unbedeutende Tatsache, wenn man bedenkt, dass sie alle Teile der Regierung und der meisten Bundesstaaten kontrollieren. In Bezug auf das wichtigste politische Problem, mit dem die Menschen konfrontiert sind, die globale Erwärmung, glaubt nur die Hälfte der Republikaner daran, dass sie überhaupt stattfindet. Fast alle anderen vertreten die Meinung, dass Menschen damit nichts zu tun haben. Einstellungen wie diese und die Politiken, die Menschen überhaupt erst dazu bringen, eine solche zu haben, sind eine virtuelle Todeszelle für jegliches organisierte, menschliche Leben. 30 Prozent der Amerikaner, also 20 Prozent der Republikaner, denken, dass sich Menschen im evolutionstheoretischen Sinne entwickelt haben. 25 Prozent meinen, die Menschen hätten sich durch göttliche Führung entwickelt. Ein weiteres Beispiel ist die Einstellung gegenüber Barack Obama, was den tiefen Rassismus in der amerikanischen Gesellschaft widerspiegelt. Ich sollte hinzufügen, dass Europa diesbezüglich meiner Meinung nach nicht besser ist, auch, wenn es in einer anderen Form auftritt. Doch so geht es weiter. Dies sind nur zum Teil jüngste Entwicklungen, obwohl das Trump-Phänomen sicherlich zur Verachtung von Tatsachen und Vernunft beiträgt und zur Anbetung des Großen Führers, eines infantilen Größenwahnsinnigen. All dies kann zu sehr großen Schäden führen.

Feroz: Denken Sie, dass Intellektuelle die Massen anführen sollten? Immerhin beeinflussen Sie selber ja auch Millionen von Menschen mit Ihren Ansprachen und Texten.

Chomsky: Wenn Intellektuelle die Massen führen würden, wären wir alle in großen Schwierigkeiten. Jüngere historische Beispiele haben dies deutlich gemacht. Im bolschewistischen Russland wurden sozialistische Institutionen durch die Avantgardepartei revolutionärer Intellektueller zerstört. Kennedys führende Intellektuelle in seinem Kabinett haben nicht nur die mörderischen US-Kriege in Indochina verschärft, sondern hätten beinahe auch der Menschheit ein Ende bereitet, was durch den Historiker und engen Kennedy-Vertrauten Arthur Schlesinger bekannt wurde. Der »gefährlichste Moment der Geschichte«, wie Schlesinger schrieb, wurde damals während der Kubakrise ausgelöst. Viele von uns erinnern sich noch an den damaligen Massenaufstand und die Schweinebucht-Invasion im Oktober 1962. Ich bin mir sicher, dass Intellektuelle viele Menschen beeinflussen, ob nun zum Guten oder zum Schlechten.

Feroz: Muss radikale Theorie nicht in die Praxis umgesetzt werden, um letztendlich eine Veränderung der Gesellschaft herbeizuführen?

Chomsky: Es ist nicht einfach, Theorien mit großer Tiefe und Empirik außerhalb der Kernwissenschaften zu finden, obwohl es viele Einsichten und wichtige Ideen gibt. Wenn Ideen über menschliche Angelegenheiten zu positiven und dringend notwendigen Veränderungen beitragen sollen, dann müssen sie eng genug mit den bestehenden Umständen verbunden sein, um Empfehlungen für konstruktives Handeln aussprechen zu können – und in diesem Sinne »praktisch« zu sein. Derartige Ideen fehlen gewiss nicht.

2 Imperialismus, Krieg und Fluchtursachen

Viele wissen, dass Noam Chomsky zu den lautesten Kritikern des US-amerikanischen Imperialismus gehört. Seit mehreren Jahrzehnten macht Chomsky auf die außenpolitischen Aggressionen seiner Regierung aufmerksam und protestiert vehement dagegen. In den 1960er-Jahren protestierte der junge Chomsky gemeinsam mit zahlreichen anderen Aktivisten und Intellektuellen entschlossen gegen die Verbrechen in Vietnam. Selbiges geschah in den darauffolgenden Jahren, als Washington mehrere südamerikanische Staaten ins Chaos stürzte. In den Wirren des Kalten Krieges wurden dabei vor allem linksgerichtete, demokratische Regierungen in Chile und anderswo eliminiert, während rechten Hardlinern, die innerhalb kürzester Zeit brutale Diktaturen errichteten, an die Macht verholfen wurde. Die Auswirkungen der damaligen Politik zeigen sich in den Vereinigten Staaten bis heute. Weiterhin verlassen Menschen den südamerikanischen Kontinent und ziehen gen Norden, ins »Land der unbegrenzten Möglichkeiten«. Dort werden sie allerdings von Mauern, Zäunen und brutalen Grenzwachen aufgehalten. Jene, die Nordamerika dennoch erreichen, leben oftmals in der Illegalität.

Ihre Flucht nimmt praktisch kein Ende, denn sie fliehen weiterhin – vor einer möglichen Abschiebung. Chomsky ergreift nicht nur Partei für diese Menschen, sondern erinnert stets an den Gesamtkontext. Es liegt nämlich auf der Hand, dass die Menschen weiterhin vor den Auswirkungen der Politik Washingtons in ihren Heimatländern fliehen. Ähnlich verhält es sich auch in anderen Regionen der Welt, etwa im Nahen Osten oder in Afghanistan. Als Chomsky sich gegen die Afghanistan-Invasion der USA aussprach und daraufhin von Aktivisten in Pakistan zu Vorträgen eingeladen wurde, verwehrte ihm die mit Washington verbündete Regierung in Islamabad ein Einreisevisum. Ähnlich verhielt es sich mit dem illegalen Krieg in Irak, den Chomsky als eines der größten Verbrechen des 21. Jahrhunderts betrachtet. Ein besonderer Ruf eilt Chomsky allerdings aufgrund seiner Kritik an Israel voraus. In der westlichen Welt gibt es nur wenige Menschen, die sich derart lautstark für die Rechte der Palästinenser einsetzten wie er. Aufgrund seiner jüdischen Wurzeln pflegt Noam Chomsky ein ambivalentes Verhältnis zum israelischen Staat. Dieser führe auf palästinensischem Boden nicht nur eine kolonialistische Siedlungspolitik fort, sondern sieht sich auch im Recht, in regelmäßigen Abständen Palästinenser zu ermorden, während die von den USA geführte internationale Staatengemeinschaft meist damit beschäftigt sei, irgendwelche »Schurkenstaaten« zu verteufeln. Angesichts der aktuellen politischen Lage in Israel verwundert es kaum, dass Chomsky zuletzt die Einreise verweigert wurde, als er einen Vortrag im Westjordanland halten wollte. In unserem modernen Zeitalter übernimmt Chomsky dadurch mehr oder weniger die Rolle jener unerwünschten israelitischen Propheten, die einst verjagt und verteufelt wurden. In gewissen Kreisen wird er oftmals auch als »selbsthassender Jude« bezeichnet. Zum Schweigen konnte ihn dadurch allerdings niemand bringen. In gewohnter Manier steht Chomsky weiterhin gegen das »Imperium« auf und beschreibt kühl und gelassen jene Realitäten, die von vielen anderen politischen Beobachtern oftmals bewusst ignoriert werden.

Feroz: Die USA sind nicht nur das größte Imperium der Gegenwart, sondern auch der Menschheitsgeschichte im Allgemeinen. Doch die Geschichte hat uns auch gelehrt, dass jedes Reich letztendlich fallen wird. Werden wir den Fall des US-amerikanischen Imperiums in naher Zukunft erleben?

Chomsky: Aus der Tatsache, dass alle vergangenen Reiche gefallen sind, können wir nicht ableiten, dass dies auch mit dem nächsten Reich auf der Liste geschehen wird. Wenn man jedoch die globalen Umstände betrachtet, wäre es vernünftig und nachvollziehbar, daraus abzuleiten, dass dies auch mit ebenjenem Reich geschehen wird. Wir sollten dabei allerdings eine viel dringendere Frage nicht übersehen: Wird der Niedergang dieses Reiches, also des US-amerikanischen Imperiums, auch mit der Vernichtung jedweden organisierten menschlichen Lebens zusammenfallen? Die Antwort darauf ist nicht einfach. Selbst wenn das nukleare Monster sich in irgendeiner Art und Weise zähmen ließe, wäre der Anstieg des Meeresspiegels um einige Meter bis zum Ende des Jahrhunderts eine unvorstellbare Katastrophe.

Dabei sollten wir eine weitere Tatsache, die von historischer Bedeutung ist, nicht übersehen: Das Rennen um eine unbeschreibliche Katastrophe wird durch die Politik des mächtigsten Staates der Weltgeschichte beschleunigt. Die gegenwärtige US-Administration weigert sich nicht nur, sich der Krise zu stellen. Nein, sie will die Gefahr sogar bewusst eskalieren lassen. Es besteht in diesem Kontext auch kein Zweifel daran, dass die Verantwortlichen sich dessen bewusst sind, was sie tun. Trumps Sorgen – und das macht er sehr deutlich – sind nicht etwa die schlimmen Folgen der drohenden Erderwärmung, sondern die Errichtung einer hohen Mauer um seinen persönlichen Golfplatz, um diesen vor dem Anstieg des Meeresspiegels zu schützen. Es ist schwer, für diesen Irrsinn die passenden Worte zu finden.

Feroz: Eine historische Tatsache, die weiterhin in den Hintergrund gedrängt wird, ist, dass der Aufbau der Vereinigten Staaten auf Sklaverei und Genozid beruht. Während man, zumindest in Europa, den Eindruck gewinnt, dass über Ersteres in vielen amerikanischen Schulen gelehrt wird, scheint der Genozid an der indigenen Bevölkerung des Kontinents weiterhin kein Thema zu sein. Was ist die politische Intention dahinter? In Deutschland und Österreich wird der Holocaust in Schulen sehr detailliert aufgearbeitet. Ohne den Holocaust, der historisch singulär ist, mit den Genoziden in Nordamerika vergleichen zu wollen, stellt man sich die Frage, warum eine ähnliche Aufarbeitung in US-Schulen nicht stattfindet.

Chomsky: Deutschland und Österreich wurden im Krieg geschlagen. Konstanter Sieg, wie ihn die Vereinigten Staaten kennen, schadet der eigenen Moral. Ich teile allerdings nicht die Meinung, dass die Geschichte der Sklaverei tatsächlich weitläufig bekannt ist. Vielmehr wird sie lediglich oberflächlich vermittelt. Nur wenige Menschen sind sich der einzigartigen und abscheulichen Form der amerikanischen Sklaverei bewusst. Selbiges gilt auch für die Tatsache, dass die Sklaverei als Grundlage für den Reichtum und die Entwicklung der USA und insbesondere Englands (in Form von Produktion, Finanzen, Handel, Einzelhandel) diente. Eine wirkliche Befreiung fand damals übrigens auch nicht statt. Nach einem Jahrzehnt der Freiheit wurde die Sklaverei unter einem anderen Label wiederhergestellt. Dies setzte sich bis ins 20. Jahrhundert fort und leistete einen wichtigen Beitrag für die US-amerikanische Wirtschaft. Die Geschichte der Kriege gegen die Nationen der Indianer und deren virtuelle Ausrottung und Vertreibung ist ebenfalls wenig bekannt, obwohl als Folge des Menschenrechtsaktivismus der 1960er-Jahre eine Verbesserung stattgefunden hat.

Ein Beispiel für die Vermeidung der Geschichtserzählung ist das »Second Amendment«, der 2. Zusatzartikel der Verfassung der Vereinigten Staaten, der gegenwärtig als Schutz des »heiligen Rechts«, Waffen zu tragen, verstanden wird – eine Frage, die nach den jüngsten Massakern und Amokläufen in unserem Land regelmäßig auf den Titelseiten der hiesigen Medien behandelt wird. Doch nur wenige wissen, warum die Änderung damals eigentlich in Kraft getreten ist. Dabei sind die Gründe eigentlich ziemlich klar: Es war aufgrund des mörderischen Bestrebens, Sklaven zu kontrollieren und Indianer zu töten. Hinzu kam die Abwehr eines gefürchteten britischen Angriffs, da es so gut wie keine bereitstehende Armee gab. Dieser Umstand macht vor allem deutlich, dass der ursprüngliche Sinn jener Passage in der US-amerikanischen Verfassung und die damit verbundenen Absichten der Gründerväter in der gegenwärtigen modernen Welt ziemlich überholt sind. Dies sollten vor allem jene konservativen Originalisten, die sich weiterhin auf die Grundwerte der Verfassung berufen und diese in den Vordergrund stellen wollen, bedenken. Interessanterweise wurde die Entscheidung des rechten Vorsitzenden des Supreme Courts, John Roberts, dieses »heilige Recht« 2008 auszuweiten, von dem in weiten Kreisen respektierten Juristen Antonin Scalia verfasst, der sich stark auf den Originalismus beruft. Scalia zitierte dabei alle Arten obskurer Texte, aber es gelang ihm, alle Hauptmotive für eine Einschränkung des Rechts vollständig auszuklammern. Dasselbe gilt für die umfangreiche juristische Debatte über den 2. Verfassungszusatz, die sich auf die Bedeutung des einleitenden Satzes konzentriert: »Eine gut regulierte Miliz, die für die Sicherheit eines Freistaates notwendig ist«. Die umstrittene Frage ist also, ob die Änderung ein individuelles Recht verleiht, Waffen zu tragen, oder ob sie ein Milizkonditionsrecht ist. Aus juristischer Sicht ist das eine interessante Frage, aber die Frage nach dem Grund für den 2. Zusatzartikel und seiner heutigen Anwendbarkeit wird vollständig gemieden – zumindest von Seiten der Konservativen, die die leidenschaftlichsten Befürworter einer erweiterten Interpretation sind. Dies ist im Grunde genommen auch ein aufschlussreiches Beispiel dafür, wie die beiden schrecklichen »Ursünden«, Sklaverei und Genozid, selbst unter den gebildeten Klassen und dem liberalen Meinungsspektrum aus dem Bewusstsein verschwinden.

Feroz: Der Waffenwahn in den USA scheint ein großes Problem zu sein, das die gesamte Gesellschaft betrifft.

Chomsky: Die Ursprünge der fanatischen Waffenkultur werden unter anderem in einem jüngst erschienen, äußerst wichtigen Buch von Pamela Haag beschrieben. Haag macht deutlich, dass die Waffenkultur eine Kreation der Fabrikanten des industriellen Zeitalters gewesen ist. Dies war einer der ersten Erfolge der PR-Industrie. Im späten 19. Jahrhundert machten sich Waffenhersteller Sorgen um ihre Verkaufszahlen. Es gab fast keinen heimischen Markt. Waffen wurden als Werkzeuge betrachtet, ähnlich wie Schaufeln oder Heugabeln. Daraufhin fand eine große Werbekampagne statt, die Kämpfer mit Waffen romantisch inszenierte. Da gab es dann plötzlich den einsamen Cowboy, der den Wilden Westen gewann, oder falsche Helden wie »Wild Bill Hickok« und all den dazugehörigen Krimskrams, der vielen Menschen bekannt ist. Man erschuf den Mythos, dass jeder Junge zu einem echten Mann wird, wenn er einen Colt-Revolver umherschwingt, während er ein Winchester-Gewehr unter dem Arm trägt. Auch Frauen wurde eingetrichtert, eine Waffe unter dem Kopfkissen haben zu müssen. Immerhin bestünde stets die Möglichkeit, dass die bewaffneten Männer des Hauses draußen gegen plündernde, barbarische Indianer und andere bösartige Gestalten kämpfen. Zu all dem kam dann noch die Tabakindustrie, allen voran der Marlboro-Mann, hinzu. Andere folgten. Die Propagandakampagne war perfekt inszeniert – und sie funktionierte hervorragend. Bis heute gilt eine Waffe als ein geschätzter Gebrauchsgegenstand, und das Recht, eine Waffe in einem Café zu tragen, gilt als heilig und unantastbar. Es gilt als ein Recht, dass im

19. Jahrhundert von Farmern und Viehzüchtern während der Eroberung des Wilden Westens erstritten wurde. Das all dies mit sehr unschönen Mitteln geschah, wird ausgeblendet.

Feroz: Bezüglich der Sklaverei und des Rassismus stellen sich auch Fragen rund um die Situation von Afroamerikanern. Fand mit der Wahl Barack Obamas tatsächlich auch eine Veränderung statt und mit der Wahl Donald Trumps ein großer Rückschritt? Auch während der Ära Obamas hatten afroamerikanische Gemeinden mit großen Problemen zu kämpfen. Nie waren mehr Afroamerikaner in Gefängnissen eingesperrt als während Obamas Präsidentschaft. Ähnlich verhält es sich auch mit der Anzahl von afrikanischen Staaten, die in dieser Zeit von der US-Regierung bombardiert wurden. Geheime Kriege in Somalia und anderswo wurden ausgeweitet. Die amerikanischen Gründungsväter waren Rassisten und hielten Sklaven. Bestehen hier nicht einfach einige Grundprobleme mit der amerikanischen Geschichte und Gesellschaft, über die niemand sprechen will?

Chomsky: Die Veränderung, die mit Obama eintrat, war in erster Hinsicht psychologisch. Für Afroamerikaner war es erfreulich, eine schwarze Familie im Weißen Haus, das von Sklaven erbaut wurde, zu sehen. In materieller und sozialpolitischer Hinsicht änderte sich allerdings nur wenig. Als die Rezession eintrat, traf es Afroamerikaner besonders hart. Sehr viele von ihnen verloren ihre Häuser, die für viele das Rückgrat ihres Wohlstands waren.

Das Programm des US-Kongresses zur Finanzkrise (TARP, Troubled Asset Relief Program) sah eine Rettungsaktion für jene Banken vor, die für das Desaster verantwortlich gewesen waren, *und* eine Unterstützung für jene Opfer, die ihre Häuser verloren hatten. Es ist nicht schwer zu erraten, welche Verpflichtung als wichtiger betrachtet und erfüllt wurde. Neil Barofsky, der beauftragte Generalinspektor für das TARP-Programm, äußerte sich sehr kritisch über die Obama-Administration und wie dank dieser große Banken reicher wurden als jemals zuvor, während wortwörtlich nichts für die Menschen, die alles verloren hatten, getan wurde.

Das Ergebnis war insbesondere für den afroamerikanischen Teil der Gesellschaft verheerend. Die durchschnittliche schwarze Familie hat in der Regel keine größeren Ersparnisse. Die langsam stattfindende wirtschaftliche Erholung, die 2009 unter Obama begann und nun unter Trump fortgesetzt wird, hat die Arbeitsmöglichkeiten für Schwarze tatsächlich verbessert. Dabei sollte allerdings beachtet werden, dass Profite in den Himmel schießen, während die Reallöhne weiterhin stagnieren. Laut eines Berichts des US-Arbeitsministeriums aus dem Juni 2018 sank von Mai 2017 bis Mai 2018 der reale Durchschnittsstundenlohn um 0,1 Prozent, jahreszeitlich angepasst. Der Rückgang der realen durchschnittlichen Stundenlöhne kombiniert mit einem Anstieg der durchschnittlichen Arbeitswoche um 0,6 Prozent führte in diesem Zeitraum zu einem Anstieg des realen durchschnittlichen Wochenlohns um 0,5 Prozent. Die ist der Alltag seit dem neoliberalen Großangriffs Reagans. Die Reallöhne für einfache Arbeiter auf dem Höhepunkt der viel gepriesenen Great Moderation waren 2007 niedriger als im Jahr 1979 – bevor die neoliberale Phase endgültig eingeläutet wurde. Und seitdem hat sich die Situation verschlechtert.

Ansonsten muss man natürlich feststellen, dass sich die Situation durch den starken Aktivismus der Bürgerrechtsbewegung seit den 1960er-Jahren verbessert hat. Dies hatte einen wichtigen zivilisierenden Effekt.

Feroz: Auch die Situation vieler Staaten in Südamerika ist bis heute sehr problematisch. In Brasilien und anderen Staaten in der Region gibt es eine herrschende, weiße Klasse, die den Rest, also hauptsächlich Schwarze und Indigene, ausbeutet. Die Folgen des Kolonialismus europäischer Staaten und später des Imperialismus – vor allem während des Kalten Krieges – scheinen bis heute nachzuwirken. Welche Auswirkungen hat die US-amerikanische Außenpolitik auf die Lage in der Region?

Chomsky: Die US-Außenpolitik hat Südamerika gewiss in diese Richtung gelenkt, sprich, die Macht von weißen Eliten in diesen Ländern wurde verstärkt. Demnach wurde indirekt auch deren rassistische Politik, die sich gegen die unteren Klassen richtet, gefördert. Die grundlegende Ausrichtung der Politik ist nicht schwer zu verstehen. Zum Ende des Zweiten Weltkriegs wussten die Architekten der US-amerikanischen Politik, dass sie in einer Position waren, in der sie den Rest der Welt nach ihren Interessen formen konnten, und genau so haben sie auch gehandelt. Das allgemeine Ziel war – und das war nicht überraschend – eine Ausrichtung des internationalen Systems, das sich dem amerikanischen Wirtschaftssystem und deren politischer Kontrolle öffnet und sich davon aushöhlen lässt. Dies erkennt man auch ganz klar an geheimen Dokumenten, die später für die Öffentlichkeit zugänglich gemacht wurden. Ein Beispiel hierfür ist das PPS 23, was von George Kennan, einem führenden Staatsmann und Stabschef des State Departments, verfasst wurde. Kennan und seine Leute wiesen jeder Region der Welt eine Funktion in der US-dominierten Weltordnung zu. Die Rolle Südostasiens war etwa die Zulieferung von Rohstoffen an die ehemaligen Kolonialherren und an die Vereinigten Staaten. Kennan war der Meinung, dass die USA nur wenig Interesse an Afrika hätten, weshalb er den Kontinent den Europäern überließ. Diesbezüglich sprach er ganz klar von einer Ausbeutung, die seitens der Europäer in Afrika erfolgte, um den Wiederaufbau auf dem alten Kontinent in Gang zu bringen.

Südamerikas Rolle in dieser neuen Weltordnung war der Verkauf seiner Rohstoffe an die USA sowie die Absorbierung überschüssigen US-Kapitals. Der für die CIA tätige Historiker Gerald Haines zelebrierte die »Amerikanisierung Brasiliens« und erklärte, dass Washingtons Ziel »die Eliminierung jedweden ausländischen Wettbewerbs« in Südamerika gewesen sei, um dadurch die Region als wichtigen Markt für überschüssige US-Produktion und private Investitionen aufrechtzuerhalten. Ziel war in diesem Kontext natürlich auch die Ausbeutung der riesigen Rohstoffressourcen und der Kampf gegen den internationalen Kommunismus. Die Geheimdienste fanden keine Anhaltspunkte, dass der Kommunismus versuchte, nach Südamerika zu gelangen. Doch wir sollten uns dabei stets vor Augen halten, dass das stillschweigende Verständnis von »Kommunismus« alles betraf, was die Armen dazu verleiten könnte, »die Reichen auszuplündern«, wie die Administration von Präsident Eisenhower, allen voran sein Minister John Foster Dulles, regelmäßig beschwor.

Es war demnach alles andere als überraschend, dass die Südamerikaner andere Ziele hatten. Sie hatten sich einer Sache verschrieben, die die US-Regierung als eine »Philosophie von neuen Nationalismen, die eine weitere Verteilung von Wohlstand und einen erhöhten Lebensstandard der Massen anstreben«, beschrieb. Einer weiteren Einschätzung des State Departments zufolge war der wirtschaftliche Nationalismus der gemeinsame Nenner für die neuen Bestrebungen der Industrialisierung. Die Südamerikaner waren davon überzeugt, dass jene, die von wirtschaftlichen Entwicklungen eines Landes profitieren sollten, in erster Linie die Bürger sein sollten. Die USA hatten gänzlich andere Ziele. Bereits im Februar 1945 wurde gesetzlich beschlossen, dass dieser wirtschaftliche Nationalismus »in all seinen Formen« ein Ende finden müsse. Die Nachricht war klar: Von den Ressourcen eines Staates sollten vor allem die US-Investoren und deren lokale Klienten profitieren, nicht die Bürger des betreffenden Landes.

In Brasilien sind diese lokalen Klienten jene weißen Eliten aus der Oberschicht, die nun mit voller Wut und Entschlossenheit gegen die Politik des »Untermenschen« Lula da Silva, der sich für die Arbeiterklasse einsetzte, vorgehen. Da Silva könne nicht einmal anständiges Portugiesisch sprechen und verschwende Ressourcen zugunsten der Armen – so zumindest die Auffassung ebenjener Herrschaften.

Feroz: Momentan erleben wir, dass die amerikanische Kriegsmaschinerie alle ihre Ressourcen darauf verwendet, um noch mehr Krieg und Chaos zu stiften. Ist dies eine spezielle Charakteristik der Trump-Regierung oder das allgemeine Merkmal eines strauchelnden Imperiums?

Chomsky: Die USA investieren so viel in ihr Militär wie alle sieben Mächte zusammen, die in der Liste hinter ihnen stehen. Trumps Erhöhung des Militärbudgets beträgt ungefähr 80 Prozent des Gesamtbudgets des russischen Militärs. Die Vereinigten Staaten sind allen anderen Staaten technologisch weit voraus. US-amerikanische Streitkräfte sind in 70 Prozent der Länder dieser Welt aktiv, und die USA betreiben über 800 Militärbasen im Ausland.

Eine alarmierende Studie hat vor Kurzem aufgezeigt, dass führende Waffenexperten, die die nuklearen Modernisierungsprogramme untersuchen, zum Schluss gekommen sind, dass »revolutionäre, neue Technologien« die gesamte Zerstörungskraft der vorhandenen US-Raketenabwehrkräfte um den Faktor drei erhöht haben. Das bedeutet, dass diese Waffen genau das schaffen, was von ihnen erwartet wird und wovon ein atomar bewaffneter Staat ausgeht: einen Atomkrieg zu führen und zu gewinnen, in dem der Feind mit einem überraschenden Erstschlag entwaffnet wird. Dies ist natürlich kein Geheimnis für gegnerische Staaten, die dementsprechend planen. Für die Welt sind solche Neuigkeiten allerdings nicht gut.

Feroz: Viele Menschen scheinen derartige Gefahren dennoch nicht wirklich wahrzunehmen. Viele Amerikaner wissen nicht einmal, dass ihr Militär im Niger oder in anderen afrikanischen Staaten aktiv ist. Ich selbst lebe in Stuttgart, wo man viele US-Militärinstallationen finden kann, darunter etwa EUCOM und AFRICOM. Das alles befindet sich wortwörtlich vor den Nasen der Menschen, und doch kümmert es sie nicht. Woran kann das liegen?

Chomsky: Die USA betreiben 800 Militärbasen in 70 Staaten. Kommandoeinheiten des Militärs sind in über 70 Staaten aktiv. Trotz der Arbeit von couragierten Journalisten bleibt dies meistens unbemerkt. Die Reaktionen sind allerdings verschieden. In Stuttgart setze ich auf Menschen wie Sie. An anderen Orten, zum Beispiel in Okinawa, finden regelmäßig lautstarke Proteste gegen die Präsenz des US-Militärs statt.

Feroz: In Deutschland befindet sich auch die Ramstein Air Base. Mittlerweile wissen wir, dass ohne diese Basis der mörderische US-Drohnenkrieg nicht möglich sein würde. Würden Sie behaupten, dass Deutschland in gewisser Weise eine »Kolonie« der USA geworden ist? Manche Menschen in Deutschland würden derartige Schlussfolgerungen als rechte, neonazistische Propaganda bezeichnen.

Chomsky: Ich denke nicht, dass das eine faire Bewertung des Geschehens ist. Wenn arme Menschen auf den Jeju-Inseln in Südkorea couragierte Proteste gegen die US-amerikanische Militarisierung organisieren können, so können das gewiss auch Deutsche tun, um derartigen Praktiken ein Ende zu setzten. Außerdem ist die NATO in keiner Weise heilig. Die Rolle der Organisation sollte vor allem seit dem Fall des Eisernen Vorhangs als äußerst kritisch betrachtet werden.

Feroz: Was ist der Unterschied zwischen dem Kolonialismus der Briten und anderer europäischer Mächte im 18. sowie im 19. Jahrhundert und der US-amerikanischen Außenpolitik heutzutage? Gibt es einen klaren Unterschied, oder erleben wir lediglich eine andere Form der Rhetorik und des Framings?

Chomsky: Es gibt viele Unterschiede. Früher war der Imperialismus darauf ausgerichtet, immer mehr Staaten mittels direkter Gewalt zu unterwerfen. Man hat daraus kein Geheimnis gemacht. Es passierte ziemlich offensichtlich. Die Jäger, also die Kolonialisten, teilten die Welt durch internationale Abkommen immer wieder zu ihren Gunsten auf. Die Menschen, die erobert wurden, waren einer extrem brutalen Behandlung und rassistischer Hetze ausgesetzt. Ein weiteres Merkmal des früheren Imperialismus war der Siedlerkolonialismus, der die indigene Bevölkerung verjagte oder ermordete und sie durch die favorisierte Bevölkerung, die »bessere Rasse«, ersetzte. Dies war eine britische Spezialität, die später auch von den Amerikanern übernommen wurde.

Die gegenwärtige US-Außenpolitik verfolgt keine derart ambitionierten Ziele. Vor dem Zweiten Weltkrieg waren die Vereinigten Staaten nicht die führende globale Macht. Die Rolle wurde damals noch Großbritannien und, etwas weniger, auch Frankreich zugeschrieben. Dies änderte sich mit dem Krieg, welcher der USA enorme Macht, beispiellose Sicherheit und zahlreiche Vorteile bescherte. Das globale System war wie geschaffen für die USA und indirekt Mittel zur wirtschaftlichen Aushöhlung und Ausübung politischer Kontrolle. Dies bedeutete sicherzustellen, dass die großen Weltmächte so umfassend wie möglich in die von den USA dominierten Bündnissysteme einbezogen werden. Gleichzeitig sollten – wie offizielle Dokumente beweisen – »radikale und nationalistische Regime«

unterdrückt werden, insbesondere jene, die auf den Druck der Bevölkerung reagieren, um »sofortige Verbesserungen des niedrigen Lebensstandards der Massen« zu schaffen und die »der Notwendigkeit eines politischen und wirtschaftlichen Klimas für private Investitionen mit angemessener Rückführung von Gewinnen« widersprechen. Die Methoden dagegen, so hieß es, sollten möglichst schonend, wenn nötig aber auch hart sein. George Kennan, eine der führenden Figuren der frühen Nachkriegsplanung, warnte 1948 in einer geheimen Richtlinienüberprüfung wie folgt: »Wir sollten aufhören, über vage und unrealistische Ziele wie die Menschenrechte, die Anhebung des Lebensstandards und die Demokratisierung zu sprechen.« Laut Kennan sollte man bereit sein, in direkten Machtkonzepten zu handeln und sich nicht von idealistischen Slogans, in denen es um Gleichberechtigung und Ähnliches geht, führen lassen. Nur durch eine solche Haltung ließe sich die »Position der Disparität«, wie er es ausdrückte, beibehalten. Und nur dadurch bleibt der enorme Reichtum der USA, der das Land von der Armut anderer trennt, erhalten.

Die politischen Richtlinien waren sehr strikt und an die damaligen Umstände angepasst – und sie waren erfolgreich. Eine oftmals unbeachtete Folge davon ist die Tatsache, dass in den USA ansässige Unternehmen etwa die Hälfte des weltweiten Vermögens besitzen und in fast jeder Sparte der internationalen Wirtschaft den ersten Platz einnehmen. Das ist die große Errungenschaft jener, die Adam Smith zu seiner Zeit als »Herren der Menschheit« bezeichnete. Zu seiner Zeit waren das britische Händler und Fabrikanten. In unserer Zeit sind das multinationale Konzerne mit komplexen globalen Lieferketten.

Feroz: Sie demonstrierten einst gegen den Vietnamkrieg, der ein monströses Verbrechen war. Heute befinden sich die USA im Nahen Osten wieder in nicht endenden Kriegen, die gegen internationales Recht verstoßen und Verbrechen gegen die Menschlichkeit sind. Warum gelingt es nicht, aus der Geschichte zu lernen?

Chomsky: Ich habe Dutzende Male von den 1960er-Jahren bis 1975 gegen den Krieg demonstriert. Demonstrationen waren die mindeste Form des Widerstands, und sie waren ein Resultat von Aufklärung, Bildung und zahlreichen Protesten im Vorfeld. Es war ein direkter Widerstand gegen die Verbrechen, der Mitte der 1960er-Jahre begann. Allerdings löste der Angriff der USA auf Vietnam, der später ganz Indochina betraf, erst viel zu spät einen lautstarken und wirkungsvollen Widerstand aus. Der Widerstand, der eintrat, zeigte allerdings nachhaltige Auswirkungen. Als Reagan 1981 ins Amt kam, startete er einen Angriff auf Mittelamerika. Er versuchte, der Politik Kennedys, die damals zwanzig Jahre zurücklag, nachzueifern. Kennedy ließ den Krieg in Vietnam ohne Proteste und Aufmerksamkeit eskalieren. Doch Reagan musste aufgrund der enormen Proteste zurückrudern und sich einer anderen Strategie des Terrors zuwenden, nachdem der Kongress die direkte Gewaltanwendung der USA einschränkte. Also warb er ein Terrornetzwerk an, das aus brutalen, rechtsgerichteten Milizen, darunter argentinische Neonazis, Akteure in Israel, Taiwan und so weiter bestand. Das war auch im Irak der Fall. Es war die erste imperiale Aggression in der Geschichte, die massiven Protesten ausgesetzt war, noch bevor sie offiziell initiiert wurde. In all diesen Fällen waren die Ergebnisse erschreckend genug. Wäre der Widerstand allerdings verzögert ausgefallen, wären die Folgen, wie in Vietnam, weitaus schlimmer ausgefallen.

Eine Lektion, die in Vietnam gelernt wurde: Es ist ein Fehler, mit jungen Soldaten aus der eigenen Bevölkerung einen Bodenkrieg zu führen, der gegen ein ganzes Land gerichtet ist. Frühere imperiale Mächte verstanden dies viel besser und stützten sich deshalb auf Söldner: Gurkhas und Sepoys, die französische Fremdenlegion und andere bewaffnete Streitkräfte sind gute Beispiele hierfür. Letztendlich zerbrach die US-Armee in Vietnam. Zivilisten mit schlechter Ausbildung sind dem Schrecken imperialer Kriege nicht gewachsen. Im Laufe der Zeit formten die USA eine »freiwillige Armee«: Dies bedeutet weitgehend, dass sie eine Armee benutzen, die aus Armen und Unterdrückten besteht.

Wir müssen das, was wir als die »Lehren Vietnams« bezeichnen, genauer betrachten. Der Krieg wird als Niederlage gesehen, was im engeren Sinne heißt: Den USA ist es nicht gelungen, ein mit ihnen sympathisierendes Regime in Vietnam zu installieren, wie es etwa in den Philippinen geschehen ist. Der dortige Krieg war der erste imperialistische Feldzug, den Washington in Übersee geführt und gewonnen hat. Beim Betrachten der frühen Planungsphase, die uns dank der Veröffentlichung der Pentagon Papers durch den Whistleblower Daniel Ellsberg massiv erleichtert wurde, zeichnet sich allerdings ein anderes Bild. Die Architekten in Washington adaptierten die Sichtweise, dass »radikale und nationalistische Regime« nicht toleriert werden könnten, vor allem dann nicht, wenn sie wie ein »Virus« agieren und sich »verbreiten« könnten, um es mit den Worten Kissingers zu beschreiben. Er sprach davon mit Blick auf Chile unter der Regierung von Allende. Im Fall von

Vietnam war die Sorge, dass ein erfolgreiches, unabhängiges Vietnam diese »Infektion« auch in den Nachbarländern verbreiten könnte, unter anderem im ressourcenreichen Indonesien oder sogar in Japan, dem »Superdomino«, wie das Land vom Historiker John Dower bezeichnet wurde. Der Weg, mit solch einem Problem umzugehen, ist die Zerstörung des Virus und die »Impfung« jener, die davon betroffen waren. Dies fand in Form des Einsatzes brutaler Diktaturen statt – und war sehr erfolgreich. Vietnam wurde nicht vollkommen zerstört, aber es wurde hinreichend ruiniert, um jegliche Bedrohung in Form einer unabhängigen Entwicklung zu verhindern. Doch die »Impfung« in Südostasien wirkte auch unabhängig von Vietnam. Als dies später erkannt wurde, meinte McGeorge Bundy, der Nationale Sicherhcitsberater von Kennedy und Johnson, dass es weiser gewesen wäre, sich 1965 aus Vietnam zurückzuziehen, nachdem Suharto eine brutale Diktatur in Indonesien errichtet hatte und Hunderttausende von Menschen ermordete.

Feroz: Die USA sind die größte militärische Macht mit den meisten Basen weltweit. Dennoch gibt auch andere Staaten, die imperialistisch agieren. In Syrien begehen Russland und der Iran brutale Verbrechen, die viele Menschen zur Flucht gezwungen haben. Ausländische Söldner, zum Beispiel aus Afghanistan, kämpfen dort im Dienste Irans und der Regierung Bashar al Assads. Russische Bomben haben Zehntausende Syrer getötet. Umso weniger verwunderlich ist es, dass viele Syrer Russland als imperialistische Macht, die ihre Heimat besetzt, wahrnehmen.

Chomsky: All dies ist im Grunde genommen nichts Neues. Die russische Invasion Afghanistans kostete über eine Million Afghanen das Leben. Es gab stets brutale Invasionen in russischer Reichweite. Sie hielten sich dennoch in Grenzen, im Gegensatz zu jenen der Vereinigten Staaten, die weitaus mächtiger sind.

Feroz: Einige Beobachter kritisieren Ihre Meinung zum Syrien-Konflikt und haben Sie sogar als Apologeten des Assad-Regimes bezeichnet. Dies geschah, obwohl Sie in der Vergangenheit betont haben, dass das Regime für die meisten Verbrechen im Land verantwortlich ist. Warum, glauben Sie, spaltet der Krieg in Syrien so viele Menschen auf Seiten der Linken? Hat das mit Dogmatismus zu tun, sprich mit dem Irrglauben, dass nur die USA brutale Verbrechen begehen?

Chomsky: Ein großer Teil der Kritik kam eigentlich von jenen Teilen der Linken, die mit meiner scharfen Kritik an Assad nicht einverstanden waren und sich darüber echauffierten. Assad ist ein brutaler Massenmörder, der für die meisten Gräueltaten im Land verantwortlich ist. Das widerspricht deren Linie, die besagt, dass die US-Intervention in Syrien das schlimmste Verbrechen ist, was geschah.

Es sollte ein Unterschied gemacht werden zwischen der Aufmerksamkeit für jene Verbrechen, für die man (aufgrund der eigenen Regierung) Verantwortung trägt und die man mildern oder beenden möchte, und der Verweigerung der Anerkennung und Kritik der Verbrechen, die von offiziellen Feinden begangen werden und gegen die man nur wenig ausrichten kann. Ersteres ist aufgrund grundlegender moralischer Fundamente gerechtfertigt, während die zweite Position inakzeptabel ist – wenngleich vielleicht verständlich als eine fehlgeleitete Form der Prinzipientreue. Es gibt natürlich immer viele Überlegungen, die berücksichtigt werden müssen. Es wäre demnach falsch, ja sogar schändlich gewesen, wenn die russischen Bürger die damalige Haltung des Moskauer Regimes nicht kritisch hinterfragt hätten. Immerhin denunzierte dieses Regime stets jene Afghanen, die sich gegen die russische Besatzung wehrten und stellte ihre Taten als »Verbrechen« dar. Diese Beobachtung gilt auch in anderen Fällen.

Feroz: Assad und Putin haben die Narrative des »Krieges gegen den Terror« in Syrien adaptiert. Regelmäßig werden zivile Opfer als »Terroristen« bezeichnet. Die USA, die ebenfalls in Syrien aktiv sind, reagieren oftmals gleich, etwa, wenn sie Rebellengebiete bombardieren und dabei Zivilisten töten. China tötet muslimische Uiguren und bezeichnet diese ebenfalls als »Terroristen«. Die Türkei argumentiert so, wenn sie Kurden tötet. Ähnlich verhält es sich mit den palästinensischen Opfern Israels oder den muslimischen Rohingya in Burma. Ist die Narrative des »Krieges gegen den Terror« eine Allzweckformel geworden, um Menschen zu foltern und zu unterdrücken, ohne mit irgendwelchen Konsequenzen rechnen zu müssen?

Chomsky: All dies ist nichts Neues und geschah, schon lange bevor Bush mit seinem globalen Krieg gegen den Terror begann und damit Reagans Krieg gegen den Terror erneuerte. Es wird oftmals vergessen, dass Reagan den Krieg gegen staatlich kontrollierten, internationalen Terrorismus als ein außenpolitisches Hauptanliegen nannte, als er ins Amt gewählt wurde. Diese politischen Schritte entwickelten sich schnell in eine große, von den USA finanzierte Kampagne des internationalen Terrorismus. Die Vereinigten Staaten wurden hierfür vom Internationalen Gerichtshof verurteilt. Unter anderem wurde beschlossen, dass die Verbrechen ein Ende nehmen und Entschädigungen ausgezahlt werden müssen. Von den USA wurde dies selbstverständlich ignoriert. Reagan selbst begann mit seiner brutalen Politik nichts Neues. Die Unabhängigkeitserklärung der Vereinigten Staaten verurteilt die Verbrechen der »unbarmherzigen, wilden Indianer«, die aus ihrer Heimat verjagt und ermordet wurden. Hitler betrachtete die Invasion Polens als einen verteidigenden Akt, den er mit dem »wilden Terror« der Polen begründete. Bei all den historischen Beispielen fällt es schwer, eine Ausnahme zu finden.

Gibt es Konsequenzen auf internationaler Ebene? Das hat mit der Aufteilung der globalen Macht zu tun. Im Falle der USA gab es, wie erwähnt, Kritik und Verurteilungen, doch all das war am Ende bedeutungslos. Die US-Regierung interessierte sich nicht dafür. Die liberale Presse bezeichnete den Internationalen Gerichtshof als ein »feindliches Forum«, das nicht beachtet werden sollte. Eine Resolution des UN-Sicherheitsrates rief die USA dazu auf, sich der Entscheidung des Gerichts zu stellen. Nur die USA waren dagegen und legten ihr Veto ein. Alles, was damit zu tun hat, liegt bereits im Mülleimer der Geschichte. Im Großen und Ganzen hat sich wenig verändert, seit das mächtige Athen Melos belehrte, dass die Starken machen, was sie wollen, und die Schwachen das ertragen, was sie müssen.

Feroz: Sie betonen regelmäßig, dass der Westen seinen eigenen Terror nicht eingestehen will, sei es der Abwurf der Atombomben in Hiroshima und Nagasaki oder der globale Drohnenkrieg, der regelmäßig unschuldige Menschen per Knopfdruck auslöscht. Ein ehemaliger Drohnenpilot, der einst Menschen in Afghanistan oder Jemen tötete, kann zum Whistleblower werden. Er wird dann für ein Engagement gefeiert und als »Opfer« des Systems betrachtet. Einem ehemaligen Bombenbauer von Al-Qaida, der die gleiche Entscheidung treffen und ähnlich handeln würde, würde diese Ehre kaum zuteilwerden. Warum ist das so?

Chomsky: Wenn farbige, nicht weiße Menschen an der Macht wären und der Westen ihr Opfer wäre, würde ein solches Szenario wohl auch für sie eintreten.

Feroz: Beobachter wie der Historiker Alfred McCoy gehen davon aus, dass China die USA ablösen und zum nächsten führenden Imperium der Geschichte wird. In vielen Regionen der Welt, etwa in afrikanischen Staaten oder in Zentralasien, sehen wir bereits die Auswüchse des chinesischen Imperialismus. Was sollen wir davon halten?

Chomsky: McCoy ist ein bedeutender Historiker, und seine Arbeit wird stets sehr ernst genommen. Die These hierzu wurde bereits weit verbreitet. Ich bin allerdings ein wenig skeptisch. Die Macht der USA hat ihren Höhepunkt im Jahr 1945 erreicht. Seitdem hat eine Schwächung stattgefunden. Dies begann bereits mit der »Niederlage in China« im Jahr 1949, was weitreichende internationale und nationale Folgen hatte.

Das BIP der USA ist im Verhältnis zum globalen BIP seit dem Ende des Krieges um etwa die Hälfte zurückgegangen, obwohl dabei nicht übersehen werden sollte, dass in der heutigen globalisierten Wirtschaft privatisierte Macht in gewisser Weise ein wichtigerer Wegweiser für die Weltmacht ist als die klassische volkswirtschaftliche Gesamtrechnung. Der Anteil des weltweiten Reichtums von US-amerikanischen Unternehmen entspricht ungefähr der wirtschaftlichen Dominanz der USA am Ende des Krieges. Die USA haben natürlich eine überwältigende militärische Macht. Diesbezüglich ist kein Konkurrent in Sicht. Hinzu kommen Vorteile, die anderswo nicht existieren.

Chinas Wachstum war beeindruckend. Das Land hat ehrgeizige Pläne, seinen Einfluss im Südchinesischen Meer und in Asien auszuweiten. Projekte wie die Shanghai Cooperation Organization oder die Neue Seidenstraße sind Beispiele hierfür und werden umgesetzt. China beschäftigt sich auch mit Rohstoffgewinnungs- und Entwicklungsprojekten im globalen Süden. Derartige Dinge sollten sorgfältig hinterfragt werden. Auch China hat schwere interne Probleme, die im Westen unbekannt sind. Sie betreffen die Ökologie, das Arbeitsleben und andere Bereiche. Es ist auch erwähnenswert, dass das Land im Human Development Index der UN auf Platz 90 steht.

Unter der Führung von jemandem wie Trump könnte der Niedergang der USA allerdings beschleunigt werden, vor allem dann, wenn die Opposition Koalitionen bildet und die USA sich dadurch zu einem isolierten Paria-Staat entwickelt. Intern könnte sich ein solcher Staat durch die Programme, die der Ökonom Kenneth Galbraith als »privaten Wohlstand und öffentliches Elend« bezeichnete, verschlechtern. Die großen Vorteile davon sind allerdings nur schwer überwindbar, selbst von der derzeitigen republikanischen Abrissbirne.

Feroz: Kolonialismus und Imperialismus haben schon immer zu Fluchtbewegungen geführt. Wir sehen das auch heutzutage, vor allem in Europa. Ist die sogenannte Geflüchtetenkrise Ihrer Meinung nach eine natürliche Katastrophe, oder ist sie ein Resultat fataler politischer Entscheidungen?

Chomsky: Es beinhaltet ein Element von Naturkatastrophen. Die schreckliche Dürre, die Syrien aufgesucht und weite Teile der Gesellschaft massiv in Mitleidenschaft gezogen hat, ist ein Folge der globalen Erwärmung. Diese wiederum ist nicht wirklich natürlich. Die Krise in Darfur war zum Teil ein Resultat der Wüstenwerdung ganzer Regionen, die nomadische Bevölkerungen in besiedelte Gebiete trieb. Die grauenvollen Hungersnöte in Zentralasien sind ebenfalls mit den Angriffen auf unsere Umwelt, die während des Zeitalters des Anthropozäns stattgefunden haben, verbunden. Die Industrialisierung zerstört grundlegende Lebensbedingungen, und sie wird das weiterhin tun, solange sie niemand drosselt.

Feroz: Viele EU-Staaten wollen keine weiteren Geflüchteten aufnehmen. In diesen Tagen erleben wir weiterhin, wie Menschen im Mittelmeer ertrinken oder in Kriegsgebiete wie Afghanistan abgeschoben werden. Der Politik scheint dies egal zu sein. In Ländern wie Österreich sitzen lupenreine Faschisten in der Regierung. Was sagt dies über die Europäische Union und die sogenannten europäischen Werte aus?

Chomsky: Die EU hat ihr Austeritätsprogramm, bei dem ärmere Staaten in Mitleidenschaft gezogen wurden, während reiche Banken im Norden profitierten, sehr effizient durchgesetzt. Gleichzeitig hat die EU darin versagt, mit einer humanitären Katastrophe, die in großen Teilen eine Folge von westlichen Verbrechen ist, richtig umzugehen. Die Bürde fiel den wenigen zu, die – zumindest temporär – Bereitschaft zur Hilfe signalisierten. Das betrifft Länder wie Deutschland oder Schweden. Viele andere Staaten haben einfach ihre Grenzen dicht gemacht. Europa versucht mit Hilfe der Türkei, jene Menschen, denen viel Leid widerfahren ist, von ihren Grenzen fernzuhalten. Ähnlich verhalten sich die USA, indem sie Druck auf Mexiko ausüben, damit jene, die vor den Folgen US-amerikanischer Verbrechen in Zentralamerika flüchten, vor den Grenzen abgefangen werden. Diese brutalen Schritte werden sogar als eine humane Politik, die »illegale Migration« mindert, dargestellt. Was sagt uns das alles über vorherrschende Werte? Es ist schwierig und unangemessen, den Begriff »Werte« in diesem Kontext überhaupt zu benutzen. Das Geschehen zu kommentieren, ist ebenso makaber. Vor allem dann, wenn man sich in den USA, dem wahrscheinlich sichersten Land der Welt, aufhält, das nun von einer Debatte heimgesucht wird, in der es um die Frage geht, ob man Syrern Eintritt gewähren soll oder nicht und ob einer von ihnen ein Terrorist ist oder nicht. Mittlerweile haben solche Annahmen und Ängste leider den US-amerikanischen Mainstream erreicht. Man fragt sich tatsächlich, ob man irgendeinen Muslim einreisen lassen soll oder nicht, während eine große Mauer uns vor Migranten schützt, die der Hölle südlich der Grenze entfliehen wollen.

Feroz: In Europa meinen vielen Menschen, dass es schlichtweg unmöglich ist, derart viele Migranten und Geflüchtete aufzunehmen. Stimmt das nicht in einem gewissen Maße?

Chomsky: Deutschland hat das meiste geleistet und über eine Million Geflüchtete in ein sehr reiches Land mit über achtzig Millionen Einwohnern aufgenommen. Im Vergleich dazu hat Libanon, ein sehr armes Land mit vielen internen Problemen, viel mehr Menschen aufgenommen. 25 Prozent der dortigen Bevölkerung sind Syrer. Hinzu kommen die Nachkommen jener Menschen, die aus dem ehemaligen Palästina verjagt wurden. Anders als Libanon ist Deutschland sehr stark auf Immigranten angewiesen, damit die Bevölkerung in diesem Ausmaß erhalten bleibt. Dies hat mit der zurückgehenden Geburtenrate zu tun, die ein Ergebnis der Bildung von Frauen ist. Dieses Phänomen ist weltweit zu beobachten. Kenneth Roth, der Chef von Human Rights Watch, hat schon recht, wenn er behauptet, dass »diese Welle von Menschen« im Grunde genommen nur ein Tropfen ist im Vergleich zum großen Becken, das ihn absorbiert. In Anbetracht des wirtschaftlichen Wohlstandes der EU ist es unwahrscheinlich, dass Europa tatsächlich die Mittel fehlen, diese Neuankömmlinge aufzunehmen. Dies betrifft vor allem jene Staaten, die aus wirtschaftlichen Gründen auf Migranten angewiesen sind.

Feroz: Angesichts der Geflüchtetenkrise haben mehrere EU-Staaten das Schengener Abkommen aufgehoben und ihre Grenzen dicht gemacht. Denken Sie, dass das europäische Integrationsprojekt bald scheitern wird?

Chomksy: Ich denke, es ist ausreichend, darauf aufmerksam zu machen, dass Europa Hunderte Jahre lang damit beschäftigt war, sich gegenseitig zu massakrieren, und das in einem ungeheuerlichen Maße. Die Überwindung nationaler Feindschaften und Grenzen ist eine wichtige Errungenschaft. Es wäre eine große Schande, wenn das Schengener Abkommen kollabieren würde aufgrund einer vermeintlichen Bedrohung, die in einer humanen Art und Weise gelöst werden könnte und die europäische Gesellschaft sowohl in wirtschaftlicher als auch in kultureller Hinsicht bereichern könnte.

Noam Chomsky zur Geflüchtetenkrise

In einigen Ländern gibt es eine echte Geflüchtetenkrise. Ein Beispiel hierfür ist etwa der Libanon. Fast ein Viertel der dortigen Bevölkerung besteht aus geflüchteten Syrern. Hinzu kommen zahlreiche Geflüchtete aus Irak und Palästina. Einige andere Länder in der Region, die ebenso arm und zerrissen sind, haben ähnlich reagiert und riesige Mengen von Geflüchteten aufgenommen, darunter etwa Jordanien oder auch Syrien vor einigen Jahren, bevor es sich in seinen kollektiven Selbstmord stürzte. Die Staaten, die sich der Geflüchtetenkrise stellen, sind nicht dafür verantwortlich, dass es überhaupt eine gibt. Die Krise wurde größtenteils von jenen Reichen und Mächtigen verursacht, die jetzt stöhnend aufschreien, weil es ein kleiner Teil der verzweifelten Opfer bis zu ihnen geschafft hat – Hilfsbedürftige, die sie eigentlich ohne Probleme aufnehmen könnten.

Allein die Invasion des Iraks, die von den Amerikanern und Briten initiiert wurde, vertrieb vier Millionen Menschen. Die meisten von ihnen flüchteten in benachbarte Staaten. Die Iraker fliehen weiterhin aus einem Land, das gegenwärtig zu den miserabelsten der Welt gehört. Dies ist das Resultat von einem Jahrzehnt mörderischer Sanktionen, die vom Westen auferlegt wurden. Danach folgte der Krieg der Reichen und Mächtigen, der das Land in weiten Teilen vollkommen zerstört hat. Hinzu kommt die Schaffung eines sektiererischen Konflikts, der nun das Land sowie die gesamte Region zerreißt.

Was die Europäer in Afrika getan haben, ist bekannt. Afrika ist eine Quelle von noch mehr Geflüchteten, die durch jene Hölle gehen mussten, die von den Franzosen, Briten und Amerikanern durch das Bombardement Libyens geschaffen wurde. Auch in diesem Fall wurde das Land nahezu vollkommen zerstört und brutalen Milizen überlassen. Ein weiteres Beispiel ist die Rolle der Vereinigten Staaten in Zentralamerika, die dort Angst und Schrecken verbreiteten, vor denen die Menschen weiterhin fliehen. Hinzu kommen Opfer aus Mexiko, die von den bestehenden Handelsabkommen erdrückt werden. Es war vorhersehbar, dass diese Abkommen die mexikanische Landwirtschaft, die mit den staatlich unterstützten US-Konzernen nicht mithalten kann, zerstören würden.

Die Reaktion der reichen und mächtigen USA ist es, Druck auf Mexiko auszuüben, um die Opfer der US-amerikanischen Politik weit von der eigenen Grenze fernzuhalten oder sie erbarmungslos zurückzudrängen, falls sie es doch durch die Kontrollen schaffen sollten. Die reiche und mächtige EU reagiert mit Erpressung und Bestechung der Türkei, damit diese die armseligen Überlebenden von den Grenzen fernhält und Geflüchtete in brutale Lager steckt.

Auf der zivilgesellschaftlichen Ebene gibt es ehrenwerte Ausnahmen. Die Reaktion auf staatlicher Ebene aber ist eine moralische Schande – selbst wenn man einmal von der beträchtlichen Verantwortung für die Umstände absieht, die jene Menschen zur Flucht zwingt.

Die Schande ist nicht neu. Um bei den USA, dem privilegiertesten und mächtigsten Staat der Welt, zu bleiben: Im Laufe ihrer Geschichte waren die Vereinigten Staaten meist dazu bereit, europäische Geflüchtete aufzunehmen, um sie auf jenem Land siedeln zu lassen, welches man mit Gewalt jenen ermordeten Völkern entrissen hatte, die dort vorher lebten. Dies änderte sich mit dem Einwanderungsgesetz aus dem Jahr 1924, dessen erstes Ziel es war, Italiener und Juden auszuschließen. Das Schicksal dieser Menschen ist bekannt. Selbst nach dem Krieg wurde Überlebenden aus Konzentrationslagern die Einreise verwehrt. Heute erleben wir, wie Roma aus Frankreich verjagt werden und unter fürchterlichen Zuständen in Osteuropa leben müssen. Sie sind die Nachfahren von

Holocaust-Opfern, doch das interessiert wahrscheinlich niemanden.

Die Schande sitzt tief, und sie ist andauernd. Eindeutig ist jetzt die Zeit gekommen, dieser Schande ein Ende zu setzen und unserer Zivilisation damit zu einem annehmbaren Niveau zu verhelfen.

Noam Chomsky im Mai 2016

3 Donald Trump und die »freie Welt«

Die Wahl Donald Trumps stellt eine Zäsur im Weißen Haus dar. Seit nun fast zwei Jahren wird Amerika von einem Reality-TV-Star und Twitter-Troll regiert. Bereits während der Wahlkampagnen machte Noam Chomsky darauf aufmerksam, wie gefährlich ein Sieg Donald Trumps sein könne – und sprach sich nach dem Ausscheiden von Bernie Sanders für Hillary Clinton aus. Die darauffolgende Kritik war groß. Wie könne ausgerechnet Chomsky dazu aufrufen, Clinton zu wählen? Seine Anhänger waren überrascht, verbittert und teils sogar wütend. Doch mit derartigen Emotionen ließ sich die Problematik nicht lösen. In einem Interview mit *Al Jazeera* erklärte Chomsky seinen Standpunkt. Er machte klar, dass er – natürlich – kein Fan von Hillary sei, ebenso wenig vom Rest der Clinton-Familie und ihrer Politikausrichtung. Dennoch würde Hillary Clinton in so gut wie allen Punkten besser dastehen als Donald Trump. Des Weiteren müsse man sich im Kontext der Wahl bewusst sein, dass man sich zwischen den zwei Kandidaten für das kleinere Übel entscheiden müsse – und das sei eben Hillary Clinton, auch wenn viele sie nicht mögen.

Die Skepsis gegenüber Clinton war zu Recht groß, und das nicht nur in den Vereinigten Staaten. Sowohl in arabischen Staaten als auch in Afghanistan oder Pakistan konnte man immer mehr einfache Menschen hören, die sich einen Trump als US-Präsidenten wünschten. Hinzu kamen noch zahlreiche Menschen in Europa, sowohl aus dem rechten als auch aus dem linken politischen Spektrum, die keine Clinton im Weißen Haus sehen wollten. All dies hatte verschiedene Gründe. Jene Menschen, die von der US-Außenpolitik seit Jahrzehnten betroffen sind und unter ihr leiden, waren der Meinung, dass durch Trump eine klare Veränderung eintreten würde, und wünschten sich eine Politik, die sich ganz klar von jener Obamas unterscheidet. Andere waren einfach erfreut darüber, dass womöglich ein offener Rassist und Sexist bald den mächtigsten Staat der Welt führen und diesen im besten Fall vielleicht zugrunde richten würde. Anders hätten es die Amerikaner schließlich nicht verdient, so der Gedanke. Wiederum andere meinten, dass Trump im Gegensatz zu Clinton ein Mann sei, der seinen »American Dream« verwirklicht habe und sich ganz klar von den herrschenden Eliten unterscheide.

Doch all diese Ansichten entpuppten sich als Irrtümer. Stattdessen behielt Noam Chomsky recht, der bereits vor den Wahlen warnte, dass die Republikanische Partei die »gefährlichste Organisation der Welt« sei. Das Handeln Trumps sei in vielerlei Hinsicht nicht vorhersehbar, in vielen Fällen wiederum sei es aber auch sehr klar, welche Schritte der US-Präsident einleiten würde. Dass Trump – selbst ein Milliardär – zum Held des Prekariats werden würde, sei eine Wunschvorstellung. Stattdessen, so Chomsky, sind Trumps Klientel vor allem die Reichen und Mächtigen, und mit ihnen gemeinsam, so scheint es zumindest, will der US-Präsident nun die Welt in Brand setzen. Dies hat vor allem mit dem Klimawandel zu tun, vor dem Chomsky stets warnt, während er von der Trump-Administration vollständig ignoriert wird. Hinzu kommen die Gefahren eines Atomkriegs, einer vollständigen Eskalation im Nahen Osten sowie der endgültigen Neoliberalisierung unserer Gesellschaft.

Feroz: Wie schlimm ist ein Donald Trump im Weißen Haus?

Chomsky: Sehr schlimm. Als Trumps zweites Amtsjahr begann, aktualisierte das *Bulletin of the Atomic Scientists* ihre Weltuntergangsuhr. Es ist nun zwei Minuten vor zwölf, was vor allem mit der weltweiten atomaren Bewaffnung sowie dem Klimawandel zu tun hat. Eine solche Uhrzeit wurde zuletzt während des Kalten Krieges im Jahr 1953 bekannt gegeben, als die damaligen Weltmächte – die USA und die UdSSR – ihre thermonuklearen Waffenarsenale austesteten. Die Gefahr eines Weltkriegs, der uns alle auslöscht, hat einfach extrem zugenommen. In Sachen Klimawandel ist Trump ein absolutes Desaster, zusammen mit der gesamten Führung der Republikaner. Jeder republikanische Kandidat, der an den Vorwahlen teilnahm, leugnete den Klimawandel oder war der Meinung, dass man dagegen nichts tun solle. Solche Einstellungen haben die republikanische Basis wortwörtlich infiziert. Die Hälfte der Republikaner vertritt die Meinung, dass keine globale Erwärmung stattfindet, während 70 Prozent behaupten, dass Menschen für die Erwärmung nicht verantwortlich seien, egal, ob sie stattfindet oder nicht. Derartige Zahlen wären anderswo ebenso schockierend, doch wir müssen dabei bedenken, dass es sich hier um einen modernen Staat handelt, dem zahlreiche

Informationen, die öffentlich zugänglich sind, zur Verfügung stehen.

Es fällt schwer, diesen Zustand in Worte zu fassen. Der mächtigste Staat der Geschichte zeigt nicht nur kein Interesse daran, derartig existenzielle Bedrohungen anzusprechen, sondern beschleunigt gleichzeitig die Zerstörung. All das geschieht nur, damit mehr Geld in bereits überfüllte Taschen wandert. Die geringe Aufmerksamkeit bezüglich dieser Realität ist ebenso schockierend. Ein weiteres Problem ist die Aufmerksamkeit, die Trumps Persönlichkeit geschenkt wird. Während die Medien nämlich vor allem auf ihn fokussiert sind, arbeiten Trumps Vertreter sehr intensiv daran, die Interessen ihres Klientel – die Reichen und Mächtigen – zu bedienen, während sie weiterhin die Werte der breiten Bevölkerung sowie zukünftiger Generationen zerstören.

Feroz: Der Präsident schreckt ja auch nicht davor zurück, geflüchtete Familien auseinanderzureißen.

Chomsky: Eine solche Politik ist absolut gewissenlos. Das Department of Homeland Security hat Kinder, teils sogar Kleinkinder, von ihren Müttern getrennt, um jene Menschen, die hierherkommen wollen, zu entmutigen. Seit Oktober 2017 geschah dies mit Hunderten von Familien. Viele dieser Familien fliehen vor den Konsequenzen der US-amerikanischen Politik in ihrer Heimat. Honduras ist das Hauptursprungsland von Flucht. Wir erinnern uns, wie die USA dort einen Militärputsch unterstützte. Der gewählte Präsident wurde aus dem Amt gejagt, es gab falsche Wahlen, gefolgt von einer Herrschaft des Schreckens.

Hinzu kommt natürlich Trumps permanente Angstmacherei bezüglich der Menschen, die Mexiko erreicht haben und deren Ziel die Vereinigten Staaten sind. Er meint, dass diese Menschen, die ganz klar Opfer sind, ein Sicherheitsrisiko seien. Dies erinnert an Reagans damaliges Gehabe, als er Cowboy-Stiefel trug und einen nationalen Notstand ausrief, weil nicaraguanische Truppen sich zwei Tagesmärsche entfernt von Texas aufhielten und uns womöglich überfallen könnten. Es ist unglaublich, dass derartige Szenarien keinen nationalen Aufschrei hervorrufen.

Feroz: Sie behaupten oft, dass die Migration aus dem Süden unter anderem auch mit dem Nordamerikanischen Freihandelsabkommen (NAFTA) zusammenhänge. Was hat es damit auf sich?

Chomsky: Die liberale Administration von Bill Clinton hat die Arbeiterschicht in vielerlei Hinsicht geschwächt. Ein sehr erfolgreiches Mittel hierfür war NAFTA, welches Kanada, Mexiko und die Vereinigten Staaten verbindet. Aus propagandistischen Gründen wurde NAFTA als »Freihandelsabkommen« bezeichnet. Doch in der Realität hat es damit nichts zu tun. Wie viele ähnliche Abkommen dieser Form hatte es sehr starke protektionistische Elemente, und viele von ihnen hatten nichts mit Handel zu tun, sondern waren Abkommen, die die Rechte von Investoren sicherten. Ebenfalls wie bei anderen Abkommen erwies sich NAFTA – wie erwartet – als besonders schädlich für die Arbeiter in den teilnehmenden Staaten. Ein Effekt war etwa die Untergrabung von Arbeiterorganisationen. Eine Studie, die unter NAFTA durchgeführt wurde, machte deutlich, dass der Aktivismus von Gewerkschaften stark zurückgegangen war. Das hatte vor allem damit zu tun, dass das Management Gewerkschaften damit drohte, die Arbeit nach Mexiko zu verlegen, falls jemand die Stimme erhob. Derartige Praktiken sind natürlich illegal. Aber das ist irrelevant, solange die Unternehmen auf die Unterstützung der Regierung zählen können.

Feroz: Verhält es sich mit TTIP ähnlich?

Chomsky: Wie gesagt, haben diese Freihandelsabkommen nichts mit »freiem Handel« zu tun. Großteils handelt es sich bei ihnen nicht einmal um Handelsabkommen. Es sind Abkommen, die die Rechte von Investoren beschützen. Es gibt einen Grund, warum die Entwürfe der Abkommen vor der Öffentlichkeit geheim gehalten werden. Sobald man einen Blick darauf wirft, weiß man auch, warum. Die Dokumente sind allerdings nicht tatsächlich geheim, sie werden der Öffentlichkeit nur verheimlicht. Die Lobbyisten, Anwälte und Vertreter der Konzerne wissen ganz genau, was darin steht. Sie haben sie zum Teil sogar mitverfasst. Wessen Interessen hier vertreten und durchgesetzt werden, ist offensichtlich. Es geht dabei nicht um den Rest der Welt, auch nicht um die betreffenden Staaten. Es geht um den Schutz und den Profit privatisierter Macht. Die Maßnahmen, die durchgesetzt werden, haben große Auswirkungen auf die Wirtschaft. Sie sind vor allem für das mediale und pharmazeutische Konglomerat wundervoll. Investoren und Konzernen wird das Recht verliehen, ganze Staaten zu verklagen. Weder ich noch Sie können das tun, aber ein Konzern darf das. Er darf eine Regierung verklagen, weil diese womöglich dem zukünftigen Profit geschadet hat. Es gibt eine große Lobby, die das vor den Gerichten durchsetzt. Mit NAFTA schreiten diese Dinge bereits voran, mit TTIP und anderen Abkommen ist es nicht anders.

Feroz: Bei Donald Trump ging es vor allem um »America First«. Dies war sein Slogan während des Wahlkampfes. Doch was hat dieser Mann bis jetzt eigentlich tatsächlich getan, um die Situation der Vereinigten Staaten zu verbessern?

Chomsky: Es war mehr als offensichtlich, dass alle politischen Schritte für den Vorteil Trumps und seiner eigentlichen Klientel gedacht waren. Es war auch klar, dass das Wohlergehen sowie die Sicherheit der Gesellschaft nebensächlich sein würden. Genau das erleben wir nun. Dies erinnert auch an die Worte der Monroe-Doktrin, welche später von Woodrow Wilsons Minister Robert Lansing umgesetzt wurde. Mit der Befürwortung der Monroe-Doktrin berücksichtigen die Vereinigten Staaten ihre eigenen Interessen und machten die Integrität amerikanischer Staatsbürger zur obersten Priorität. Diese Beobachtung gilt auch in den internationalen Beziehungen sowie – in weiten Teilen – auch innerhalb der Gesellschaft.

Demnach ist »America First« eigentlich nichts Neues, und mit »Amerika« meint man auch nicht Amerika, sondern die Interessen einer gewissen Klasse und deren Klientel. Im Trump'schen Jargon bedeutet »America First« im Grunde genommen »me first«. Ich zuerst! Die Konsequenzen davon im eigenen Land oder im Rest der Welt interessieren mich nicht.

Ein sehr gutes Beispiel hierfür ist jene politische Errungenschaft, auf die die Trump-Administration besonders stolz ist:

der Steuerbescheid (»tax bill«). Er bedient sehr klar die Interessen der eigentlichen Klientel: privaten Wohlstand und die Macht der Konzerne. Die Klientel profitiert von dieser republikanischen Standard-Politik bereits seit Ronald Reagan. Das Haushaltsdefizit wird stets als ein Vorwand genannt, um soziale Programme zu untergraben und einzustellen. Der Steuerbescheid ist demnach nur für diese eigentliche Klientel ein Profit, während er der allgemeinen Bevölkerung massiv schadet.

In außenpolitischer Hinsicht wird »America First« ebenfalls zu »me first«. Die Konsequenzen für die USA und den Rest der Welt interessieren Trump nicht. Die Doktrin von »me first« hat eine unmittelbare Konsequenz: Sie ist notwendig, um die Wählerschaft mit falschen Versprechen und einer feurigen Rhetorik zusammenzuhalten, während die eigentliche Klientel nicht entfremdet werden darf. Sie ist auch wichtig, um aufzuzeigen, dass man das Gegenteil von dem tut, was Obama tat. Trump wird oftmals als »unvorhersehbar« bezeichnet, doch eigentlich sind seine Aktionen extrem vorhersehbar, wenn man diese grundlegenden Dinge in Betracht zieht.

Feroz: Sie meinen, dass Trumps Klimapolitik womöglich das Verheerendste seiner derzeitigen Politik sei.

Chomsky: Mit Trump haben die USA das Übereinkommen von Paris verlassen. Sie haben damit alle Mühen und Anstrengungen, die man gegen den Klimawandel und der damit verbundenen Umweltkatastrophe unternimmt, in Grund und Boden zerstört. Die Bedrohung besteht weiterhin – und sie ist sehr ernst. Doch wie bereits erwähnt, war all dies absolut vorhersehbar. Wie gesagt, bedienen seine Entscheidungen die Interessen seiner wahren Klientel. In diesem Fall sind das Energiekonzerne, große Teile der Autoindustrie sowie andere Akteure, die auf kurzzeitige Profite setzen. Bedenken Sie, dass das am meisten respektierte und »moderate« Mitglied der Trump-Administration, der ehemalige CEO von ExxonMobil Rex Tillerson, rausgeschmissen wurde, weil er zu weichherzig gewesen war. Wir erinnern uns daran, dass Wissenschaftler von ExxonMobil in den 1970er-Jahren zu den Ersten gehörten, die die Bedrohung der globalen Erwärmung erkannten. Der ehemalige CEO wusste das gewiss, doch zeitgleich plädierte er für eine Maximierung der Bedrohung und unterstützte das Leugnen des Klimawandels, und das nur, damit in einige bereits überfüllte Taschen noch mehr Geld wandert, bevor man sich dann endgültig von jedwedem organisierten menschlichen Leben verabschieden kann, und das in nicht allzu ferner Zukunft. Es fällt schwer, passende Worte zu all dem zu finden.

Feroz: In Argentinien trafen Sie vor nicht allzu langer Zeit Aktivisten aus Südamerika und auch Mitglieder von Podemos aus Spanien und Syriza in Griechenland. Wie war Ihr Eindruck?

Chomsky: Ja, das war auf einer internationalen Konferenz, an der Aktivisten aus aller Welt, hauptsächlich aus Südamerika, teilnahmen. Unter ihnen befanden sich auch Mitglieder der erwähnten Parteien sowie einige andere Aktivisten. Seit dem Zeitalter der europäischen Eroberungen, also seit 500 Jahren, wird Südamerika von ausländischen Kräften dominiert. Die Struktur der Regierungen war stets dieselbe: Sie war klein, extrem wohlhabend, europäisiert und vor allem weiß – und sie herrschte über all die Misere und Armut. Die Eliten orientierten sich an der äußeren Welt, deren Realität nur wenig gemein hatte mit jener vor ihrer Haustür. Sie hatten Zweitwohnsitze an der spanischen Riviera, transferierten ihr Geld auf Schweizer Banken nach Zürich und so weiter.

Südamerikanische Regierungen gehörten zu jenen, die die neoliberale Politik der Weltbank, des Internationalen Währungsfonds und des US-Finanzministeriums am ehesten akzeptierten. Gleichzeitig litten ebenjene Staaten am stärksten darunter. Doch in den letzten zehn bis fünfzehn Jahren sind sie aus dem Muster gesprungen und entziehen sich unserer Kontrolle. Das ist eine bedeutende Veränderung in der Weltpolitik. Das war auch der Grund, warum diese Konferenz in Südamerika stattfand und warum die Organisatoren Teilnehmer aus Spanien und Griechenland einluden, denn auch sie wurden hart von ebenjenen Politiken getroffen.

Das barbarische wirtschaftliche Programm, dem Europa ausgesetzt ist, hat die Demokratie ernsthaft untergraben und in Gefahr gebracht. Für die schwächeren, am Rande liegenden Staaten war all das besonders schrecklich. Die Austeritätspolitik während der Rezession war in wirtschaftlicher Hinsicht zerstörerisch, und selbst der IWF meint, dass derartige Schritte aus wirtschaftlicher Sicht nicht sinnvoll seien. Allerdings ergeben sie einen gewissen Sinn, wenn man das Ganze aus einer Sicht des Klassenkampfes betrachtet. Eine solche Politik bedient nämlich die Interessen der großen Banken, während soziale Programme untergraben werden. Ich denke, dass genau das der Zweck von solchen politischen Schritten ist: Der sozialdemokratische Wohlfahrtsstaat – Europas wichtigste Errungenschaft nach dem Zweiten Weltkrieg – soll geschwächt werden. Dass es gegen diese politischen Schritte erheblichen Widerstand gab, ist eine natürliche Reaktion. Es begann in Griechenland, wo die Menschen darunter am meisten litten. Griechenland forderte eine Neustrukturierung seiner Schulden sowie einen Aufschub der Schuldenzahlungen, was das Land von diesem künstlich erzeugten Desaster hätte befreien können. Doch die deutschen Banken, die für die Krise maßgeblich verantwortlich gewesen sind, reagierten in einer absolut brutalen Art und Weise und hinderten Griechenland daran, derartige Schritte zu unternehmen. Diese Verweigerung erscheint ironisch, wenn man bedenkt, dass im Jahr 1953 andere europäische Staaten Deutschland gestatteten, seine Hauptschulden zu streichen. Natürlich war diese Maßnahme der Grund, warum sich die deutsche Wirtschaft erholt hat. Sie war auch der Grund, weshalb Deutschland zum dynamischen Zentrum Europas werden konnte. Hinzu kommt, dass Deutschland Griechenland während des Zweiten Weltkriegs zerstört hat. Nun bittet Griechenland also in einem begrenzten Maße um das, worum Deutschland 1953 bat, doch die Mächtigen in Deutschland, etwa die Bundesbank, verweigern diese Bitte rundum.

Griechenland ist ein ziemlich schwacher Staat, doch Spanien ist größer und hat eine stärkere Wirtschaft. In den letzten Jahren entwickelte sich eine neue Partei in Spanien, Podemos. Sie will die Austeritätspolitik umkehren und strebt die Wiedererrichtung eines sozialen Wirtschaftssystems an. In Spanien ist es ähnlich wie in Griechenland. Jene Kriminellen, die für die Krise verantwortlich waren, sind die Banken. Spanische und deutsche Banken, und auch in Spanien wollen sie, dass die Bevölkerung für das Desaster bezahlt. Man sollte anmerken, dass das mit Kapitalismus im eigentlichen Sinne nichts mehr zu tun hat. In einer kapitalistischen Gesellschaft gilt Folgendes:

Angenommen, ich leihe Ihnen Geld. Ich setze einen dementsprechend hohen Zinssatz, da ich mir dem Risiko bewusst bin und damit gegebenenfalls rechnen kann. Falls Sie an einem gewissen Zeitpunkt nicht mehr zahlen können, ist das mein Problem. So funktioniert das in einer kapitalistischen Gesellschaft, doch in den Gesellschaften, in denen wir leben, läuft das anders. Denn hier wird mein Problem auch zum Problem meines Nachbarn. Die Nachbarn gingen das Risiko nicht ein, doch sie sollen mich trotzdem freikaufen und werden gezwungen zu zahlen. So funktioniert unser System. Es ist extrem antikapitalistisch. Es macht Sinn aus dem Blickwinkel des Klassenkampfes, doch es hat keine Ähnlichkeit mit dem Kapitalismus oder dem freien Markt.

Feroz: Wann waren die frühesten Präsidentschaftswahlen, an die Sie sich erinnern können?

Chomsky: Das war im Jahr 1936, als ich acht Jahre alt war. Die Wahlen wurden in der Schule heiß diskutiert. Ich erinnere mich sogar, wie ich mit einem Klassenkameraden heftig debattierte. Er war für Alf Landon und Frank Knox, den damaligen Vizepräsidentschaftskandidaten. Sein Lieblingsslogan war folgender: »Landon Knox Out Roosevelt.« In unseren Kreisen standen so ziemlich alle hinter Roosevelt. Vor einigen Jahren sprach ich mit einem alten Freund, ungefähr in meinem Alter, über unsere Familienärzte. Ich konnte mich an den Namen unseres Arztes nicht mehr erinnern. Der einzige Name, der mir sofort in den Sinn kam, war »Roosevelt«. Nach einiger Zeit bemerkte ich auch, warum das der Fall war. Immer wenn mein kleiner Bruder eine Erkältung hatte, ging meine Mutter davon aus, dass er sterben würde, weshalb sie den Arzt anrief. Es war damals normal, dass der Arzt Hausbesuche machte, und sobald er die Wohnung betrat, veränderte sich die ganze Stimmung. Er hatte eine sehr tiefe und wohlklingende Stimme und machte einen etwas autoritären Eindruck. Der Arzt vermittelte uns das Gefühl, dass alles in Ordnung sei und er alles unter Kontrolle habe. Meine Mutter fühlte sich dadurch umgehend besser.

Roosevelt hielt damals Ansprachen, in denen er sich an die Bürger wandte, im Radio – ich denke, das war immer freitagnachmittags. All diese Dinge machten meine Mutter immer extrem nervös. Natürlich waren es auch Hitler und der Krieg, die das bewirkten. Doch sobald Roosevelt zu sprechen begann und seine ruhige, ernste Stimme den Raum füllte, war alles gut und jeder beruhigt. Er wirkte wie der Arzt. Das war auch der Grund, warum ich sofort an Roosevelt dachte, als ich mich an unseren Arzt erinnerte. Sein Name fällt mir heute aber immer noch nicht ein.

Feroz: So beruhigend wirken heutzutage nur die wenigsten Politiker auf die Bevölkerung ein. In Europa wiegeln rechtspopulistische Parteien die Bevölkerung auf und haben damit großen Erfolg. Auch der Aufstieg Trumps wird mit den dortigen politischen Entwicklungen in Verbindung gebracht. Was denken Sie über den Brexit und den Aufstieg rechter Parteien?

Chomsky: Zuallererst muss man ja sagen, dass es weiterhin nicht klar ist, ob der Brexit in dieser Art und Weise tatsächlich durchgesetzt wird oder nicht. Es gibt viele verschiedene Arrangements, die möglich sind und die funktionieren könnten. Ich denke nicht, dass es nun absolut sicher ist, dass Großbritannien die Europäische Union endgültig verlassen wird. Dies kann in einigen Punkten geschehen, in anderen wiederum nicht.

In England, auch unter der britischen Linken, herrscht dieses Gefühl vor, dass der Brexit das Land von reaktionärer Politik aus Brüssel befreien wird, doch das ist eine irreführende Annahme. Großbritannien hat solche Schritte immer wieder selbst eingeleitet. Deshalb ist es auch nicht so, dass die EU England einseitig derartige Schritte aufzwingt, vielmehr hat die britische Regierung diese unterstützt und fortgeführt. Das, was in England seit Margaret Thatcher bis hin zu Tony Blair und David Cameron geschah, ist keine Folge der EU-Politik. Es kam von innen. Dass man sich nun von der EU und der Brüsseler Bürokratie verabschiedet hat, wird diese internen Probleme gewiss nicht lösen, sondern diese sogar verschlimmern und den US-amerikanischen Einfluss im Land, der bereits gegenwärtig dominant ist, weiter verstärken.

Der Aufstieg der rechten Parteien in Europa ist wahrlich erschreckend. 2016 wäre Norbert Hofer, ein Neonazi, fast zum österreichischen Bundespräsidenten geworden. Mittlerweile sitzt seine FPÖ in der Regierung. Vieles davon hängt mit fremdenfeindlichen Gefühlen zusammen. Auch in Dänemark sieht man diese Fremdenfeindlichkeit und Islamophobie, die jenen kleinen Teil der Bevölkerung betrifft, der nicht blond und blauäugig ist.

Meiner Meinung nach war Europa schon immer rassistischer als die Vereinigten Staaten. Der Rassismus war allerdings nicht so sichtbar aufgrund der Homogenität der Bevölkerung. Doch sobald sich die Demografie zu ändern begann, trat auch der Rassismus deutlicher in Erscheinung. Ein Beispiel hierfür ist Frankreich, wo Menschen, die ihre Wurzeln in Nordafrika haben, unter sehr schlechten Bedingungen leben. Sie machen nur einen Bruchteil der Bevölkerung aus, doch zum gleichen Zeitpunkt sind 60 bis 70 Prozent der Insassen in französischen Gefängnissen Muslime, hauptsächlich aus Nordafrika.

Der Aufstieg der Rechten ist in großen Teilen ein Resultat der verfehlten Politik zentristischer Parteien, darunter auch die Sozialdemokraten, die jene Wirtschafts- und Sozialpolitik unterstützten, die sich als zerstörerisch erwies. Die Austeritätspolitik, die von der Troika durchgesetzt wurde, war extrem schädlich. Es gibt mehr als genug Anzeichen, dass diese Maßnahmen nur dazu gemacht waren, den Wohlfahrtsstaat zu unterwandern. Ich habe bereits oftmals gesagt, dass die Absicht der Austerität kein wirtschaftlicher Fortschritt gewesen ist. De facto bewirkt sie nämlich genau das Gegenteil davon und schadet dem Fortschritt. Stattdessen war das Ziel, gegen Wohlfahrtsprogramme vorzugehen, sprich Renten, anständige Arbeitsbedingungen, die Regulierung von Arbeiterrechten und so weiter.

Feroz: Man merkt, dass Ihnen die Lage in der EU Sorgen bereitet. Was, denken Sie, würde passieren, wenn Europa sich mehr von den USA und Großbritannien löst?

Chomsky: Die EU hat fundamentale Probleme. Es gibt eine einheitliche Währung, allerdings keine politische Einheit. Das ist ein maßgebliches Problem. Die EU hat allerdings auch viele positive Facetten. Es gibt einige Ideen, deren Ziel es ist, das zu retten, was gut ist, während das, was schädlich ist, verbessert werden muss. Die Initiative von Yanis Varoufakis strebt ein demokratischeres Europa an und klingt vielversprechend.

Großbritannien galt meist als Vertreter von US-Interessen in Europa. Der Brexit könnte Europa dazu motivieren, eine unabhängigere Rolle in der Weltpolitik einzunehmen. Ein solcher Kurs könnte auch durch die Politik Trumps, der uns immer stärker von der Welt isoliert, gefördert werden. Denn während dieser laut herumschreit, könnte China die führende Rolle in der globalen Energiepolitik übernehmen und seinen Einfluss in der Welt und auf den Westen ausbauen. Dies würde auch Europa betreffen. Die Shanghaier Organisation für Zusammenarbeit und die Neue Seidenstraße könnten hierbei eine wichtige Rolle spielen.

Dass Europa eine unabhängige »dritte Macht« werden könnte, bereitet den Architekten der US-amerikanischen Politik bereits seit dem Ende des Zweiten Weltkriegs Sorgen. Insbesondere die Diskussion um die Errichtung eines »gaullistischen« Europas, das vom Atlantik bis hin zum Ural reicht. In den darauffolgenden Jahren auch die Vision Gorbatschows, der sich ein gemeinsames Europa von Brüssel bis nach Wladiwostok vorstellte.

Feroz: Welche Rolle würde Deutschland in einem Europa, das sich von den USA löst, einnehmen?

Chomsky: Was auch immer passiert, Deutschland wird eine dominante Rolle in der europäischen Politik haben. Das ist sicher. Es ist schon erstaunlich, dass Angela Merkel, eine konservative Bundeskanzlerin, die Vereinigten Staaten über Menschenrechte aufklärt und eine Führungsrolle in der Geflüchtetenfrage, die Europas moralische Krise offenbart hat, einnimmt. Andererseits ist Deutschlands Haltung in der Austeritätspolitik, seine Inflationsparanoia sowie seine Exportpolitik zutiefst unverantwortlich gegenüber der europäischen Wirtschaft, allem voran der Wirtschaft in den südlichen Ländern. Dennoch könnte Deutschland im besten Fall – und das ist tatsächlich nicht ganz unvorstellbar – dazu beitragen, dass sich Europa zu einer positiven Macht auf der Bühne der Weltpolitik wandelt.

Feroz: Zurück zu Trump: Sein erster Auslandstrip ging nach Saudi-Arabien. Was sagt das über ihn und seine Nahostpolitik aus?

Chomsky: Saudi-Arabien ist ein Ort, an dem sich Trump sehr wohlfühlt. Es herrscht dort eine brutale Diktatur, deren Machthaber die eigene Gesellschaft massiv unterdrücken, die führenden Produzenten von Erdöl sind und demnach natürlich extrem reich und wohlhabend sind. Die Reise war mit zahlreichen Waffendeals verbunden, und es gab viele Geschenke seitens der Gastgeber. Eine Konsequenz dieses Besuchs war, dass Trump seinen saudischen Freunden grünes Licht gab, ihre abscheulichen Verbrechen im Jemen eskalieren zu lassen und gegen Katar vorzugehen, das den saudischen Machthabern zu unabhängig handelte. Auch der Iran spielt in dieser Hinsicht eine Rolle. Katar teilt ein Gasfeld mit Iran und pflegt geschäftliche und kulturelle Beziehungen, was von den Saudis missbilligt wird.

Führende US-Politiker und Kommentatoren in der Medienlandschaft betrachten den Iran schon seit Langem als eine außergewöhnliche Bedrohung, womöglich sogar als gefährlichstes Land auf dem Planeten. Dies war bereits vor dem Aufstieg Trumps der Fall. Die Narrative lautet wie folgt: Iran ist eine doppelte Bedrohung, da er Terrorismus unterstützt und gleichzeitig Israels Existenz – oder gar die ganze restliche Welt – mit seinem Nuklearprogramm bedroht. Der Iran gilt als derart gefährlich, dass Obama ein Raketenabwehrsystem nahe der russischen Grenze errichten musste, um Europa im Falle eines Angriffs vor iranischen Atomwaffen verteidigen zu können – vor Waffen, die gar nicht existieren, aber als Begründung dienen, die iranische Führung im Falle eines Falles einzuäschern.

Feroz: Sie meinen also, dass die »iranische Gefahr« überzogen ist? De facto unterstützt Teheran allerdings militante Gruppierungen in der Region.

Chomsky: Die »Unterstützung des Terrorismus«, von der in diesem Kontext immer wieder die Rede ist, sieht in der realen Welt wie folgt aus: Die Iraner unterstützen die Hisbollah, deren großes Verbrechen die Verhinderung einer israelischen Invasion des Libanons ist, sowie die Hamas, die freie Wahlen im Gazastreifen gewonnen hat. Der Sieg bei diesen Wahlen wurde als ein derart großes Verbrechen betrachtet, dass sofort Sanktionen eingeleitet wurden und die US-Regierung einen militärischen Putsch vorbereiten ließ. Es stimmt, dass beiden Organisationen terroristische Anschläge vorgeworfen werden können, doch das erreicht bei Weitem nicht den Umfang jenes Terrors, der dank saudischer Unterstützung zustande gekommen ist und die Aktionen zahlreicher militanter Gruppierungen betrifft.

Die US-amerikanischen Geheimdienste haben bezüglich des iranischen Atomwaffenprogramms bereits bestätigt, was jeder Beobachter für sich ganz einfach herausfinden kann: Falls sie existieren, sind sie ein Teil von Irans Strategie der Abschreckung. Diesbezüglich sollte man auch die oftmals ignorierte Tatsache in Betracht ziehen, dass die Sorge um iranische Atomwaffen sehr einfach aus dem Weg geräumt oder abgemindert werden könnte, wenn man den Aufruf Irans für die Etablierung einer atomwaffenfreien Zone im Nahen Osten beachten würde. Eine solche Zone wird von den arabischen Staaten und dem Großteil des Restes der Welt unterstützt, doch sie wird von den Vereinigten Staaten ignoriert, da man israelische Atomwaffen beschützen möchte.

Wie man sieht, fällt das Konstrukt um die Gefahr aus dem Iran sehr schnell zusammen, wenn man es genauer betrachtet. Nun muss man sich natürlich die Frage stellen, was die wahren Beweggründe für die amerikanische Feindseligkeit gegenüber dem Iran sind. Verschiedene Gründe fallen einem schnell ein. Einer davon ist, dass die USA und Israel keine unabhängige Macht in der Region, die ihre Rechte beansprucht, tolerieren können. Ein Iran, der auf die nukleare Abschreckung setzt, ist für skrupellose Staaten, die im Nahen Osten vorgehen wollen, wie es ihnen nach Lust und Laune beliebt, inakzeptabel.

Doch es gibt auch andere Gründe, die tiefer sitzen. Dem Iran wird weiterhin nicht die Tatsache verziehen, dass er einen Diktator gestürzt hat, den Washington mittels eines Militärputsches im Jahr 1953 installiert hat. Der damalige Putsch zerstörte die parlamentarische Regierung sowie den iranischen Anspruch auf eine selbstbestimmte Nutzung ihrer natürlichen Ressourcen. Die Welt ist zu komplex für jedwede Vereinfachung, doch für mich scheint dies der wahre Kern der ganzen Geschichte zu sein.

Es muss auch darauf hingewiesen werden, dass in den vergangenen sechs Jahrzehnten fast kein Tag vergangen ist, an dem Washington nicht damit beschäftigt war, die Iraner zu quälen. Nach dem Putsch im Jahr 1953 wurde der Diktator – Mohammad Reza Pahlavi – maßgeblich von den Vereinigten Staaten unterstützt. Amnesty International bezeichnete ihn als führenden Schänder grundlegender Menschenrechte. Kurz nach seinem Sturz kam es zur Invasion des Irans durch Saddam Hussein, der damals noch von den USA unterstützt wurde. Hunderttausende von Iranern wurden dabei getötet, nicht wenige von ihnen durch chemische Waffen. Ronald Reagans Unterstützung für seinen Freund Saddam Hussein war groß, und das wurde deutlich, als der Irak ein US-amerikanisches Schiff, die *USS Stark*, angriff und dabei 37 amerikanische Seemänner tötete. Die Reaktion Reagans war weich, man wollte Hussein nicht auf die Füße treten. Die Reagan-Administration versuchte auch, die chemischen Massaker Husseins an den irakischen Kurden dem Iran in die Schuhe zu schieben.

Schließlich griffen die USA direkt in den Krieg zwischen Iran und dem Irak ein, was zur bitteren Kapitulation Irans führte. Später lud George H. W. Bush irakische Nuklearexperten zu Fortbildungen in die Vereinigten Staaten ein. Für den Iran war dies eine außergewöhnliche Bedrohung. Hinzu kommt, dass Washington natürlich stets die führende Kraft war, wenn es um Sanktionen gegen den Iran ging – Sanktionen, die bis in die heutige Zeit fortgeführt werden.

Trump hat sich den härtesten und repressivsten Diktatoren in seiner Anti-Iran-Rhetorik angeschlossen. Zufälligerweise fanden während Trumps extravaganter Nahostreise Wahlen im Iran statt. So fehlerhaft und problematisch diese Wahlen auch gewesen sind, im Land der Saudis wären sie unvorstellbar gewesen. Diese sind weiterhin die Hauptquelle radikaler islamistischer Ideologien, die die Region vergiften. Dennoch ist all die Feindseligkeit gegenüber dem Iran nichts Neues. Es gab sie schon vor Trump, und sie erreichte meist die höchste Führungsriege in Washington.

Feroz: Der Konflikt zwischen der Trump-Administration und den US-Geheimdiensten scheint noch lange kein Ende gefunden zu haben. Es ist weiterhin von einem »tiefen Staat« die Rede. Was hat es damit auf sich?

Chomsky: Die Bürokratie der nationalen Sicherheit in den USA besteht seit dem Zweiten Weltkrieg. Analysten innerhalb und außerhalb der Regierung sind über Trumps wilde Vorstöße entsetzt. Ihre Sorgen werden auch von jenen geteilt, die die Weltuntergangsuhr aufgestellt haben und diese auf zweieinhalb Minuten vor Mitternacht einstellten, als Trump das Amt des Präsidenten übernahm. Wir erinnern uns: Seit der Katastrophe im Jahr 1953 ist sie nicht mehr so knapp vor zwölf gestanden. Damals zündeten die USA und die UdSSR ihre thermonuklearen Waffen. Ich sehe allerdings sehr wenige Anzeichen dafür, dass es noch weitergehen und dass es irgendeine geheime Verschwörung des »tiefen Staates« geben könnte.

Feroz: Sie betonen ja immer wieder, dass Sie nicht ganz die Meinung von McCoy und anderen Beobachtern teilen. Stattdessen gehen Sie davon aus, dass die Vereinigten Staaten weiterhin das führende Imperium bleiben werden – sowohl in politischer, wirtschaftlicher als auch in militärischer Hinsicht. Können Sie genauer beschreiben, wie Sie zu diesem Schluss kommen?

Chomsky: Die Ursache der Finanzkrise in den Jahren 2007 und 2008 war großteils eigentlich in den USA zu finden. Doch die führenden Wettbewerber der Vereinigten Staaten – Europa und Japan – waren am Ende jene, die am meisten unter der Krise litten, während die USA weiterhin als ein Zentrum für sichere Investitionen galten. Die Vorteile der USA sind substanziell. Es gibt einfach extensive, interne Ressourcen. Das Land ist vereint, und das spielt eine wichtige Rolle. Bis zum Bürgerkrieg in den 1860er-Jahren war die Phrase »Vereinigte Staaten« ein Plural (in europäischen Sprachen ist das weiterhin der Fall). Doch seitdem ist die Phrase ein Singular im Englischen. Die Politik, die in Washington zustande kommt, umfasst den gesamten Staat und konzentriert sich demnach auf das Kapital im gesamten Land. In Europa ist das um einiges schwieriger. Einige Jahre nach der letzten globalen Finanzkrise kam die Europäische Kommission zum Schluss, dass Europa sich in dieser Hinsicht verändern müsse. Man wollte jenes Finanzsystem und jene Machtkonzentration, die in Washington bereits alltäglich ist. Die Einheit ist wichtig, und sie bringt viele Vorteile mit sich. Einige Effekte der europäischen Unfähigkeit bezüglich der Koordination und der Reaktion auf die Krise wurden von Wirtschaftswissenschaftlern in Europa breit diskutiert.

Die historischen Unterschiede zwischen Europa und den Vereinigten Staaten sind bekannt. Nach jahrhundertelangen

Konflikten wurde Europa das System der Nationalstaaten aufgezwungen. Hinzu kam die Erfahrung des Zweiten Weltkriegs, die die Europäer davon überzeugte, ihren Lieblingssport – das gegenseitige Abschlachten – aufzugeben. Man wusste, dass der nächste Krieg womöglich der letzte sein könnte. Politikwissenschaftler sprechen in diesem Kontext von einem »demokratischen Frieden«, wobei es alles andere als klar ist, ob tatsächlich Demokratie etwas damit zu tun hat.

Die Vereinigten Staaten stellen einen Kontrast zu all dem dar. Sie sind ein Staat, der auf Siedlerkolonialismus beruht und der die indigene Bevölkerung auslöschte, während er einige Überbleibsel ihres Landes als »Reservate« brandmarkte. Halb Mexiko wurde ebenfalls erobert, und man weitete seine Grenzen immer weiter aus. Im Vergleich zu Europa wurde in den USA die interne Diversität viel mehr zerstört. Der Bürgerkrieg schuf eine zentrale Autorität, die auch in andere Bereiche eindrang, darunter etwa die nationale Sprache, kulturelle Gepflogenheiten, staatliche Großprojekte, die die Urbanisierung und Industrialisierung der Bevölkerung vorantrieben.

Wie bereits erwähnt, haben die neuen aufsteigenden Wirtschaftsmächte große interne Probleme, von denen man im Westen nur selten hört. Wir wissen mehr über Indien als über China, weil die dortige Gesellschaft offener ist. Es gibt Gründe, warum sich Indien auf dem 130. Platz des Human Development Index (HDI) befindet. Man weiß auch, wo sich das Land befand, bevor es neoliberale Reformen durchmachte. China befindet sich auf Platz 90 des HDI, doch es könnte einen weitaus schlechteren Platz haben, wenn man mehr Wissen darüber hätte, was sich im Land ereignet. Wir kratzen nur an der Oberfläche. Im 18. Jahrhundert waren China und Indien die kommerziellen und industriellen Zentren der Welt. Es gab ausgeklügelte Wirtschaftssysteme und im Vergleich zu anderen Staaten fortgeschrittene Gesundheitssysteme. Doch imperiale Eroberungen sowie wirtschaftliche Politiken, von denen hauptsächlich Reiche profitieren, während der Großteil der Bevölkerung arm blieb und unterdrückt wurde, hinterließen diese Staaten in einem miserablen Zustand. Es ist äußerst bemerkenswert, dass sich jener Staat im globalen Süden, der sich tatsächlich entwickelt hat, Japan ist – der einzige Staat, der nicht kolonialisiert wurde. Diese Korrelation ist gewiss kein Zufall.

Feroz: Die amerikanischen Beziehungen zu China haben stets verschiedene Phasen durchlaufen. Es gab Höhen und Tiefen. Wie könnte sich das in Zukunft entwickeln?

Chomsky: Die US-Beziehungen zu China waren schon immer geprägt von Liebe und Hass. Die grottenschlechten Arbeitsbedingungen sowie die lockeren Klimabeschränkungen in China haben US-amerikanische und andere westliche Firmen dazu bewogen, ihre Produktion dorthin zu verlagern. Hinzu kommt die billige Einzelhandelsindustrie, die Waren sehr billig herstellt. Die USA verlassen sich auf China, Japan und andere Akteure, um die eigene Wirtschaft aufrechtzuerhalten. Doch China stellt auch ein Problem dar. Es lässt sich nicht leicht einschüchtern. Wenn die Vereinigten Staaten Europa mit geballter Faust drohen und vorschreiben, mit dem Iran keine Geschäfte mehr zu machen, dann funktioniert das auch meistens. Doch mit China funktioniert das nicht. Die Chinesen ignorieren derartige Dinge, und das ist für Washington alarmierend. Die Vorstellung der chinesischen Bedrohung hat eine lange Geschichte, und sie wird fortgeführt.

Feroz: Um in Asien zu bleiben: Das problematische Verhältnis zwischen Indien und Pakistan ist auch für Washington ein Problem. Beide Staaten sind wichtig in der Region und haben Atomwaffen. Haben die USA die Situation unter Kontrolle?

Chomsky: Ich denke, in einem begrenzten Maß schon. Die Situation ist wirklich sehr brisant. Es gibt eine stetige Gewalt in Kaschmir, wo Staatsterror seitens Indien vorherrscht und gleichzeitig Terroristen von Pakistan unterstützt werden. Die Anschläge in Mumbai machten dies unter anderem deutlich. Es gibt auch Wege, die zur Deeskalation beitragen. Einer davon ist eine Pipeline, die nach Indien über den Iran und Pakistan führen soll. Sie wäre die natürliche Energieressource für Indien. Washington gefiel das allem Anschein nicht. Man hat unter anderem versucht, Indien den Zugang zu Nukleartechnologie zu garantieren, damit sich Neu-Delhi im Gegenzug der antiiranischen Kampagne anschließt. Hinzu kommt die TAPI-Pipeline, die von Turkmenistan durch Afghanistan, Pakistan und letztendlich Indien führen soll. All diese Dinge geraten hier und da immer wieder in den Vordergrund. Das »Great Game« des 19. Jahrhunderts wird in der Region immer noch gespielt.

Feroz: Ein Staat, der bei all diesen Dingen sicher auch eine Rolle spielt, ist die Türkei, die sowohl im Nahen Osten als auch in Zentralasien sehr aktiv ist. Unter Recep Tayyip Erdogan hat sich eine Art »Neo-Osmanisierung« entwickelt, die die politische Strategie Ankaras zu dominieren scheint. Wie lässt sich das beurteilen?

Chomsky: Die Türkei war schon immer ein bedeutender Verbündeter der USA. Sogar in dem Maß, dass während der Amtszeit Bill Clintons die Türkei zu einem führenden Empfänger US-amerikanischer Waffen wurde. Clinton exportierte massenhaft Waffen nach Ankara und unterstützte damit Massenmord, Zerstörung und Terror, der sich gegen die kurdische Minderheit richtete. Seit 1958 gehört die Türkei auch zu den wichtigsten Verbündeten Israels und wurde Teil einer Allianz nicht arabischer Staaten, die von den USA ins Leben gerufen wurde. All dies war auch damit verbunden, jene »radikalen Nationalismen« – also die Bevölkerungen der jeweiligen Staaten – unter Kontrolle zu halten, damit die wichtigsten Energiequellen der Welt gesichert sind. Die amerikanisch-türkischen Beziehungen waren manchmal angespannt, etwa, als die USA beschlossen, in den Irak einzumarschieren, und auf türkische Unterstützung setzten. Ankara beugte sich allerdings dem Willen der Bevölkerung, die mit 95 Prozent gegen eine Kriegsbeteiligung stimmte. In den USA erzeugte das Wut. Paul Wolfowitz, einer der führenden Architekten der US-Außenpolitik, war über den Ungehorsam entsetzt. Er sprach von den Pflichten der Türkei gegenüber Washington und verlangte eine Entschuldigung. Auch heute sind die Beziehungen manchmal angespannt, obwohl die Allianz besteht. Die Türkei hat das Potenzial, bessere Beziehungen mit dem Iran und Zentralasien aufzubauen, und ist womöglich dazu geneigt, diese fortzusetzen. Washington dürfte das dann weniger gefallen.

Feroz: Seitdem der versuchte Putsch gegen Erdogan stattgefunden hat, wurden Tausende von Menschen – darunter zahlreiche Akademiker – verhaftet. Medien wurden aus dem Weg geräumt, Schulen und Universitäten wurden geschlossen. Menschenrechtsverbrechen gehören zur Tagesordnung, Journalisten werden als »Terroristen« abgestempelt und ins Gefängnis geworfen. Der Putsch hat vor allem Erdogans Rolle in der türkischen Politik gestärkt. Inwiefern hat dieses Ereignis Ihrer Meinung nach das Verhältnis zu den USA und anderen westlichen Staaten beeinflusst?

Chomsky: Zuallererst muss man sagen, dass die Bezeichnung »mutmaßlicher Putschversuch« treffender erscheint. In den 1990er-Jahren wurden grausame Menschenrechtsverbrechen gegen die kurdische Bevölkerung verübt. Zehntausende von ihnen wurden ermordet, Tausende Dörfer und Städte wurden vernichtet. Menschen wurden in Gefängnisse geschmissen, und es gab jede Form der Folter, die man sich vorstellen kann. 80 Prozent der Waffen kamen damals aus Washington. Der Waffenexport nahm zu und ebenso die Gräueltaten im Land. Im Jahr 1997 – als die Massaker gegen die Kurden einen Höhepunkt erreicht hatten – schickte Bill Clinton Ankara mehr Waffen, als das Land in der gesamten Nachkriegszeit bis zu diesem Zeitpunkt erhalten hatte. Die Medien ignorierten diesen Umstand einfach. Die *New York Times*, die ein Büro in Ankara hat, berichtete fast gar nichts darüber. Natürlich waren die Fakten auch in der Türkei und anderswo bekannt. Jene, die die Situation beobachten, wussten, was los war. Nun nehmen die Gräueltaten wieder zu, und der Westen zieht es vor, in die andere Richtung zu schauen.

Dennoch verschlechtern sich die Beziehungen zwischen Erdogan und dem Westen immer mehr, und es gibt eine große Wut im Erdogan-Lager, die sich gegen den Westen richtet. Auch der Putschversuch von 2015 wurde nur zurückhaltend kritisiert, was der Regierung nicht genug war. Hinzu kommt das zunehmend autokratische Auftreten der Regierung sowie die damit verbundenen Repressalien, die vom Westen ebenfalls kaum kritisiert werden. Dem Regime ist allerdings bereits das zu viel. Der Glaube, dass die USA den Putsch initiiert haben, ist weit verbreitet. Fethullah Gülen, der von Erdogan für den Putschversuch verantwortlich gemacht wird, lebt in den USA. Washington will klare Beweise sehen, bevor man ihn ausliefert. Vom Erdogan-Lager wird dies stark kritisiert. Die Haltung der USA ist in diesem Fall tatsächlich ironisch. Immerhin erinnern wir uns alle daran, dass Washington Afghanistan bombardiert hat, nachdem es eine Auslieferung Osama bin Ladens verlangte – ebenfalls ohne jegliche Beweise.

Ein anderes Beispiel ist der Fall von Emmanuel »Toto« Constant, der Führer terroristischen FRAPH (Front for the Advancement and Progress of Haiti). Constant randalierte im Haiti der 1990er-Jahre, während eine Militärdiktatur die Macht innehatte. Als die Junta nach einer Marineinvasion gestürzt wurde, floh er nach New York, wo er ein angenehmes Leben führte. Haiti verlangte daraufhin seine Auslieferung und konnte mehr als genug Beweise vorzeigen, doch Clinton weigerte sich, was wahrscheinlich damit zu tun hatte, dass dadurch die Verbindungen der Clinton-Administration mit der brutalen Militärjunta aufgeflogen wären.

Feroz: Gemeinsam mit Hunderten von türkischen Akademikern haben Sie eine Petition unterzeichnet, in denen die Zustände in den kurdischen Regionen angeprangert werden. Erdogan nannte Sie in diesem Kontext beim Namen und bezeichnete Sie als »Terroristen«. Was ist denn da genau passiert, und wie lässt sich das beurteilen?

Chomsky: Der Sachverhalt ist eigentlich eindeutig. Eine Gruppe von türkischen Akademikern initiierte eine Petition, in der gegen die Politik der Regierung und die zunehmende Unterdrückung der kurdischen Bevölkerung protestiert wurde. Ich und einige andere Ausländer wurden eingeladen, die Petition zu unterzeichnen. Kurz nachdem ein mörderischer Terroranschlag in Istanbul stattfand, griff Erdogan bitterböse jene an, die die Petition unterschrieben hatten, und meinte ganz im Stil von George W. Bush, dass all jene, die nicht auf seiner Seite, auf der Seite der Terroristen stünden. Da Erdogan mich namentlich nannte, meinten einige, dass ich nun zu antworten hätte, und genau das tat ich. Ich sagte Folgendes:

»Die Türkei macht den IS [für den Anschlag] verantwortlich. Erdogan unterstützte diesen mittels verschiedener Wege, ähnlich verhielt es sich auch mit der Al-Nusra-Front, die sich ideologisch nur gering vom IS unterscheidet. Daraufhin begann er mit einer Tirade, die sich gegen jene richtete, die seine Verbrechen gegen die Kurden kritisierten. Jene Kurden, die auf dem Boden zu jener treibenden Kraft gehören, die sich gegen den IS sowohl im Irak als auch in Syrien richtet. Was gibt es da noch zu kommentieren?«

Türkische Akademiker, die die Petition unterschrieben, wurden eingesperrt und bedroht. Andere wurden körperlich angegriffen. Zeitgleich wurde die Eskalation der staatlichen Unterdrückung fortgeführt. Die dunklen Tage der 1990er-Jahre sind kaum aus der Erinnerung verschwunden. Sowohl heute wie damals haben türkische Akademiker immer wieder demonstriert, wie couragiert und entschlossen sie gegen staatliche Verbrechen vorgehen, und zwar in einer Art und Weise, die man selten woanders beobachten kann. Sie riskieren sehr viel und müssen damit rechnen, für ihre ehrenhafte Haltung bestraft zu werden. Zum Glück gibt es eine wachsende internationale Solidarität mit ihnen, auch wenn man in Anbetracht der Umstände viel mehr Unterstützung erwarten könnte.

Dennoch gilt weiterhin Folgendes: Erdogan hat in den letzten Jahren zahlreiche Schritte unternommen, um seine Macht zu festigen und um die Demokratie und Freiheit in der Türkei zu untergraben. Er zeigt alle Anzeichen dafür, zu einem extrem autokratischen Herrscher zu werden, der eine repressive Diktatur errichtet.

Feroz: Wir leben in einer Zeit, in der die Demokratie gefährdet ist. Tatsächlich wird die Welt immer undemokratischer, und das sieht man auch anhand der politischen Situation in den USA und Europa. Hat das auch damit zu tun, dass viele Menschen der Meinung sind, dass es in der Politik nur noch um die Interessen einiger weniger geht?

Chomsky: Seit den 1980er-Jahren machen Umfragen in den USA deutlich, dass die meisten Menschen glauben, dass die Regierung nach den Interessen einiger weniger, wichtiger Akteure handelt und dass diese nur auf sich schauen. Ich kenne keine Umfragen, die zuvor stattfanden, und ich kenne auch keine aus anderen Staaten, doch es würde mich nicht überraschen, wenn die Resultate sich ähnelten. Die wichtige Frage in diesem Kontext ist allerdings eine ganz andere: Sind die Menschen gewillt, etwas dagegen zu tun? Wollen sie diese Realität verändern? Das hat gewiss mit vielen verschiedenen Faktoren zu tun. Man muss auch erkennen, welche Mittel einem zur Verfügung stehen, um eine Veränderung herbeizuführen. Es ist die Aufgabe engagierter, ernster Aktivisten, diese Mittel zu schaffen und bereitzustellen. Sie müssen die Menschen dazu motivieren, dies zu verstehen und von diesen Mitteln Gebrauch zu machen.

Vor rund 250 Jahren schrieb David Hume, dass die Macht in den Händen jener liegt, die regiert werden. Sie müssen sich nur dazu entscheiden, davon Gebrauch zu machen. Er meinte auch, dass es nur eine Meinung sei, ein Resultat von Indoktrination und Propaganda, das die Menschen daran hindere, von dieser Macht Gebrauch zu machen. Dies kann allerdings überwunden werden und geschah auch oft in der Geschichte.

Feroz: Sie beziehen sich oftmals auch auf die »unsichtbaren Hände der Macht«. Was genau meinen Sie damit, und was hat das mit der gegenwärtigen politischen Situation auf der Welt zu tun?

Chomsky: Ich benutze diese Phrase, um auf jene führenden Akteure aufmerksam zu machen, welche die Deutungshoheit für sich beanspruchen, politische Agenden bestimmen und ihre Interessen über das Allgemeinwohl setzen. Es gibt hierfür viele Beispiele, sowohl innerhalb der USA als auch auf der politischen Weltbühne. Manchmal setzt sich alles aus Enthüllungen und besonderen politischen Ereignissen zusammen. Die wahre Natur des Kalten Krieges zeigte sich etwa, als die Sowjetunion zusammenbrach und man den Menschen nicht mehr weismachen konnte, dass die Russen im Anmarsch seien. Damit wurden die eigentlichen Beweggründe bestimmter politischer Schritte sichtbar, die zuvor noch durch den Vorwand des Kalten Krieges verdeckt geblieben waren.

Die Dokumente der Administration von Bush Senior haben uns etwa aufgezeigt, dass die Interventionen im Nahen Osten intensiviert werden sollten. Dort seien unsere Interessen ernsthaft bedroht, wenn man die Region dem Einfluss des Kremls überließe. Man verortete das Problem im »radikalen Nationalismus« und benutzte die Bezeichnung regelmäßig, um Unabhängigkeitsbestrebungen als eine Bedrohung abzustempeln und unter Kontrolle zu behalten. Dieser Umstand wurde im Kontext des Kalten Krieges lange verdeckt gehalten. Er wurde vom Schreckgespenst des »großen Feindes« überschattet.

Auch das Schicksal der NATO hängt damit zusammen. Das Bündnis wurde geschaffen und aufrechterhalten, um sich vor den russischen Horden zu verteidigen. Doch im Jahr 1991 war dieses Bedrohungsszenario Geschichte. Es gab diese Horden nicht mehr, genauso wenig wie den Warschauer Pakt. Michail Gorbatschow schlug ein weitreichendes Sicherheitssystem vor – ohne irgendwelche Militärpakte. Doch was passierte mit der NATO? Sie expandierte in den Osten und verstieß damit gegen jene Zusagen, welche die Administration von Bush Senior damals gegenüber Gorbatschow machte. Es scheint, als habe man ihn absichtlich hinters Licht führen wollen, um ein vereintes Deutschland innerhalb der NATO zu ermöglichen. Jüngst veröffentlichte Dokumente weisen in diese Richtung.

Es gibt auch Beispiele aus anderen Bereichen. Der freie Markt und der Kapitalismus sind ein bedeutender Teil der Doktrin geworden. Studien des IWF zeigen auf, dass die großen Banken ihren Profit aus den Versicherungen der Steuerzahler ziehen. Zahlreiche andere Beispiele sind ähnlich lehrreich.

Feroz: Sie und viele andere Beobachter betonen immer wieder, dass Atomwaffen zu den größten Bedrohungen der Menschheit gehören. Umso mehr stellt man sich die Frage, warum die Atommächte nicht dazu gewillt sind, sich von diesen Waffen loszusagen. Die »Herren der Menschheit« sind von der bloßen Existenz dieser Waffen ebenso bedroht wie der Rest der Welt, oder ist das nicht der Fall?

Chomsky: Es ist schon bemerkenswert, dass die politischen Architekten dieser Welt so ignorant hinsichtlich der Gefahr ihrer eigenen Zerstörung agieren. Dies ist keine Neuheit in der Weltpolitik. Jene, die in der Vergangenheit Kriege initiierten, wurden oftmals von ebenjenen Kriegen zerstört. Dennoch hat das Ganze gegenwärtig ein ganz anderes Level erreicht. Wir beobachten das bereits seit den ersten Tagen des Atomzeitalters. Die Vereinigten Staaten waren am Anfang so gut wie unverwundbar, die einzige ernste Gefahr waren Interkontinentalraketen mit Wasserstoffsprengköpfen. Archivrecherchen haben mittlerweile deutlich gemacht, was man bereits früher vermutete: Es gab trotz der Bedrohung keinen Plan, nicht einmal den Gedanken, ein Abkommen abzuschließen, welches diese Waffen geächtet hätte. Die damalige Einstellung erleben wir gegenwärtig wieder. Der starke Ausbau von Streitkräften, die sich entlang der Route zu Russland befinden, stellt eine ernste Bedrohung dar und könnte in einem Atomkrieg münden.

Verantwortliche Politiker erklären uns immer wieder sehr deutlich, warum es so wichtig ist, diese Waffen zu behalten. Eine wichtige Erklärung ist etwa in einem Dokument der STRATCOM (Strategic Command) zu lesen, welches in der Clinton-Ära teilweise freigegeben wurde. STRATCOM ist verantwortlich für die Atomwaffenpolitik und gibt vor, wie man diese zu gebrauchen hat. Im Titel des Dokuments kommt das Wort »Abschreckung« vor. Es wird ähnlich gebraucht wie »Verteidigung«, sprich typisch orwellianisch, denn damit sind vor allem Zwang und Angriff gemeint. Laut dem Dokument sind Atomwaffen immer eine Art Schatten über Krisen und Konflikten und müssen demnach stets zur Verfügung stehen. Sobald der Feind weiß, dass wir sie besitzen und womöglich einsetzen, könnte er sich zurückziehen. Das ist eine typische Eigenschaft der Kissinger-Diplomatie. In diesem Sinn wird von Atomwaffen stets Gebrauch gemacht. Diese Tatsache wurde vom Whistleblower Dan Ellsberg immer wieder deutlich gemacht. Es ist etwas Normales geworden, etwa so, als ob wir eine Handfeuerwaffe benutzen, um ein Geschäft auszurauben, allerdings betätigen wir keinen Schuss.

Feroz: Sie kritisieren regelmäßig, dass während des Kalten Krieges und in der Amtszeit Ronald Reagans die USA massiv Terrorismus unterstützten und verbreiten. Sind Sie der Meinung, dass Washington heute weiterhin der größte Terrorunterstützer der Welt ist?

Chomsky: Der Drohnenkrieg der Vereinigten Staaten ist ein exemplarisches Beispiel hierfür. Mehrere Bücher über Barack Obamas globale Attentatskampagne haben in den letzten Jahren deutlich gemacht, dass es überzeugende Argumente gibt, die Kampagne als rechtswidrig zu betrachten. US-amerikanische Drohnenangriffe verstoßen allgemein gegen internationales Recht und verschlimmern das Problem des Terrorismus. Sie überschreiten auch fundamentale moralische Prinzipien. Ich denke, dass das eine zutreffende Beurteilung ist. Die Details dieser kalten und kalkulierten Tötungsmaschine des Präsidenten sind entsetzlich, Selbiges gilt auch für die juristische Argumentation der Angriffe. Die Obama-Administration, allen voran das Justizministerium, machte deutlich, dass sie von der Unschuldsvermutung – einer wichtigen Errungenschaft moderner Rechtsprechung, die vor 800 Jahren mit der Magna Carta entstand – nichts hält. Die *New York Times* zeigte vor einigen Jahren, wie im Kontext der Drohnenangriffe mit zivilen Opfern umgegangen wird. Demnach gelten männliche Personen, die sich im Umfeld eines Angriffs befinden und im wehrfähigen Alter sind, als »feindliche Kombattanten«. Dies wurde von mehreren Vertretern der Regierung bestätigt. Sie sagten, dass diese Annahme gelte, solange nicht das Gegenteil bewiesen worden sei – nach dem Angriff! In den Stammesregionen Jemens und Pakistans und in anderen Ländern ist die Bevölkerung von den Drohnenangriffen traumatisiert. Die Angst, im nächsten Moment aus dem Himmel ermordet zu werden, schwebt stets über den Menschen. Akbar Ahmed, ein renommierter Anthropologe, der eine große Expertise in diesem Bereich hat und die Stammesgebiete gut kennt, kam zu dem Schluss, dass diese mörderischen Angriffe unter den

Betroffenen den Durst nach Rache erzeugen. Das ist keine Überraschung. Wie würden wir reagieren? Ich denke, dass allein diese Attentatskampagne, die fortbesteht und nun in den Händen Trumps liegt, den Vereinigten Staaten die Trophäe sichert, wenn es um ihre Frage geht.

Feroz: Sie haben bereits die russische Bedrohung erwähnt. Die US-Medienlandschaft wird weiterhin davon dominiert. So scheint es zumindest, wenn man in Betracht zieht, wie sehr über die russische Einmischung in die US-Präsidentschaftswahlen 2016 berichtet wird. Ein Skandal folgt dem nächsten. Was lässt sich dazu sagen?

Chomsky: Viele Medien scheinen sehr besorgt darüber zu sein. Die berichten permanent über dieses Thema, während das im Grunde genommen fast ein Witz ist, zumindest in den meisten anderen Teilen der Welt. Was auch immer die Russen gemacht haben oder nicht, mit dem, was ein anderer Staat seit Jahren sehr offen, schamlos und mit großer Unterstützung macht, ist das im Grunde genommen gar kein Vergleich. Die israelische Intervention in US-Wahlen überwiegt so ziemlich alles, was Russland womöglich gemacht hat. Diese Einmischung hat nämlich ein völlig anderes Niveau erreicht. Benjamin Netanjahu, der Premierminister Israels, kann einfach in den US-Kongress hineinmarschieren und eine Rede halten, ohne den Präsidenten darüber zu informieren. Er versucht die Politik des Präsidenten zu untergraben und erhält dafür massenhaft Applaus, und das – ich wiederhole – im Kongress der Vereinigten Staaten. Genau dies tat Netanjahu nämlich im Jahr 2015 mit Barack Obama. Haben Sie jemals gesehen, dass

Putin in den Kongress hineinspaziert und vor versammelter Menge so etwas macht, und das, ohne den US-Präsidenten darüber zu informieren? Das ist nur ein kleines Beispiel. Es gibt einen überwältigenden Einfluss. Wer also interessiert ist, nach fremdem Einfluss auf Wahlen Ausschau zu halten, wird viele Beispiele finden,

Feroz: Es ist doch ein grundlegendes Prinzip einer funktionierenden Demokratie, dass die gewählten Vertreter den Bürgern Rechenschaft schuldig sind. Es gibt nichts Grundlegenderes als das, doch wir wissen auch, dass das in den USA einfach nicht der Fall ist.

Chomsky: Es gibt sehr viel Literatur in der etablierten Politikwissenschaft, die die Einstellung von Wählern mit den Politiken, die von ihren Vertretern verfolgt werden, vergleicht. Derartige Recherchen machen deutlich, dass die Mehrheit der Bevölkerung im Grunde genommen entrechtet ist. Ihre eigenen Repräsentanten interessieren sich nicht mehr für deren Belange. Sie hören auf die Stimmen des berühmten einen Prozents – auf die Reichen und Mächtigen. Die brillante Arbeit von Tom Ferguson hat zum Beispiel deutlich gemacht, dass die Wahlen in den Vereinigten Staaten schon seit Langem gekauft sind. Man kann stets vorhersehen, wer die Präsidentschafts- oder Kongresswahlen gewinnt, wenn man darauf achtet, wer deren Wahlkampagnen finanziert. Doch das ist nur ein Teil der Wahrheit. Hinzu kommen Lobbyisten, die im Grunde genommen ganze Gesetzesentwürfe schreiben und diese durchbringen. Im Großen und Ganzen ist es so: Das konzentrierte Kapital, die Konzerne und die Superreichen intervenieren stets in unsere Wahlen, und das in einem überwältigenden Maße. Viele der grundlegenden Prinzipien der Demokratie werden dadurch untergraben. Nun ist es so, dass das Ganze auch noch legal ist. Das sagt genug darüber aus, wie unsere Gesellschaft funktioniert. Wer wirklich über unsere Wahlen besorgt ist und sich fragt, wie diese funktionieren, und wer sich einmischt und sich dabei auf russische Einmischung fokussiert, schaut in die völlig falsche Richtung. Über die erwähnten Dinge wird in den Medien hin und wieder berichtet, allerdings geschieht dies in einem sehr kleinen Umfang, wenn man das mit der extremen Aufmerksamkeit für die Rolle Russlands vergleicht.

Ich denke, dass wir das auch bei anderen Themen finden werden, auch bei jenen, die Trump – aus welchen Gründen auch immer – nicht als unvernünftig bezeichnet. Er hat recht, wenn er meint, dass die Beziehungen zu Russland verbessert werden müssen. Auch Russland sollte sich nicht weigern, mit den USA zu verhandeln. Washington hat das schlimmste Verbrechen des gegenwärtigen Jahrhunderts begangen – die Invasion des Irak, und das war sehr viel schlimmer als irgendetwas, was Russland gemacht hat. Moskau sollte sich allerdings nicht deshalb weigern, mit uns zu verhandeln. Dasselbe gilt auch für uns. Wir sollten nicht vor Verhandlungen zurückschrecken, aufgrund irgendwelcher Verstoße, die sicherlich auch existieren. Das ist einfach nur absurd. Wir müssen uns in eine bessere Richtung bewegen. Genau vor der russischen Grenze gibt es etliche Spannungen, die so extrem sind, dass sie stets zu eskalieren drohen und zu einem vernichtenden Atomkrieg führen könnten. Vernichtend und endgültig für jegliches Leben auf der Erde. Ein solches Szenario ist sehr nah, und wir sollten uns fragen, warum das so ist. Zuallererst sollten wir Schritte einleiten, um die Situation zu verbessern. Dann sollten wir uns fragen, warum es überhaupt so weit kommen konnte. Natürlich hat das mit der Expansion der NATO nach dem Fall der Sowjetunion zu tun. Man hat jene Versprechen, die man Gorbatschow gab, einfach gebrochen. Das begann schon mit Bush senior und ging dann unter Clinton weiter. Clinton expandierte die NATO bis zur russischen Grenze, das ging dann auch unter Obama weiter. Die Amerikaner machten das Angebot, die Ukraine zum NATO-Mitglied zu machen. Das ist das Kernland der geostrategischen Interessen Russlands. Demnach gibt es natürlich Spannungen vor der russischen Grenze. Das Schicksal der menschlichen Gesellschaften und der Spezies hängt von all dem ab. Doch wie viel Aufmerksamkeit wird dieser Thematik gegeben? Vor allem im Vergleich zu der Frage, ob Trump gelogen hat oder nicht. Ich denke, das scheint mir das fundamentale Versagen der Medien zu sein.

Feroz: Wie kann es eigentlich sein, dass in einer Gesellschaft, welche die Große Depression und seitdem viele weitere Wirtschaftskrisen erlebt hat, der Glaube an den freien Markt weiterhin derart dominant ist und alles in den Schatten stellt?

Chomsky: Die Erklärung ist aus der Sicht der Verantwortlichen im Grunde genommen einfach: Es funktioniert alles weiterhin ganz gut für die Reichen und Mächtigen. In den Vereinigten Staaten sind Millionen von Menschen arbeitslos. Viele Menschen sind verzweifelt, sowohl die Einkommen als auch die Lebensbedingungen sind großteils stagniert oder haben sich verschlechtert. Doch die großen Banken, die für die jüngste Krise verantwortlich sind, sind größer und reicher als jemals zuvor. Die Profite der Konzerne sind rekordverdächtig, und der Wohlstand geht weit über die Träume der Gierigen hinaus. Warum sollte man sich also beschweren?

Der Anstieg des Kapitals ist mit dem Rückgang des Profits in der Industrie verbunden. Es gibt neue Möglichkeiten, um die Produktion an Orte, in denen die Arbeitsverhältnisse noch schlechter sind und Ausbeutung noch stärker stattfindet, zu verlagern. Der Profit landet am Ende dort, wo die Steuersätze am niedrigsten sind. Das ist die Globalisierung. All diese Prozesse wurden durch technologische Errungenschaften und Entwicklungen optimiert, und dies wird auch weiterhin geschehen. Dies hat dazu beigetragen, dass der Finanzsektor außer Kontrolle geraten ist. Dadurch werden das System und die produktive Wirtschaft von innen zerfressen. Man muss sich vorstellen, die Larve einer Wespe frisst den »Wirt«, in den sie gelegt wurde. So drückte es Martin Wolf von der *Financial Times*, der womöglich am meisten respektierte Finanzkorrespondent der englischsprachigen Welt, aus. Die marktzentristische Herrschaft unterstellt die meisten Menschen harten Regeln, die jedoch für die Wenigen, die vom System profitieren, nicht gelten.

Feroz: Eine Angst, die vorherrscht, ist jene, dass Atomwaffen am Ende in die Hände von Terroristen gelangten.

Chomsky: Atomwaffen befinden sich bereits in den Händen von terroristischen Gruppierungen, die Staatsterrorismus verbreiten, darunter vor allem die Vereinigten Staaten. Es ist vorstellbar, dass diese Waffen irgendwann auch in die Hände von »einzeln handelnden Terroristen« fallen, was die Gefahr unserer Auslöschung erheblich verstärken würde.

Feroz: Sie meinten einmal, dass jeder US-Präsident, der nach dem Zweiten Weltkrieg an die Macht kam, erhängt werden müsste, wenn die Nürnberger Prozesse auf sie angewendet werden würden. Klingt das nicht ein wenig überzogen?

Chomsky: Das stimmt. Dennoch: Eisenhower stürzte die nationale Regierung im Iran mittels eines Militärputsches. Es folgte eine 25-jährige Diktatur, die äußerst brutal gewesen ist und 1979 durch die Revolution beendet wurde. Er stürzte auch die erste und letzte demokratisch gewählte Regierung in Guatemala, abermals durch einen militärischen Putsch und durch eine Invasion. Die darauffolgenden Gräueltaten dauern bis heute an, und Menschen fliehen vor ihnen. In Indonesien fanden durch Eisenhower brutale Geheimoperationen statt. Demokratische Prozesse, initiiert von großen Teilen der armen Bevölkerung, wurden dadurch zerschlagen. Die Situation in Kuba und Nicaragua war eine ähnliche. Das alles war nur der Anfang, und so ging das dann weiter, auch unter anderen Präsidenten. John F. Kennedy war einer der Schlimmsten. Er marschierte in Vietnam ein, wo Eisenhower bereits genug Unruhe gestiftet hatte, was zum Tod von Zehntausenden von Menschen führte. Im Vietnamkrieg wurden Napalm und andere chemische Waffen eingesetzt. Man hatte das Ziel, die Menschen und ihre Lebensgrundlage auszulöschen. Kennedy autorisierte das alles. In Kuba wurde seitens der Kennedy-Administration eine massive Kampagne des internationalen Terrorismus initiiert. Die Kubakrise führte fast zur Zerstörung unserer Welt. Die Liste lässt sich fortsetzen, und all das sind Dinge, die sich so zugetragen haben und die man nicht leugnen kann. Johnsons Politik in Indochina war ebenso ein Verbrechen, das zu Millionen von Toten führte. Ähnlich war es auch in der Dominikanischen Republik. Präsident Ford unterstützte die indonesische Invasion von Osttimor. Grauenhafte Verbrechen fanden dort statt. Die Ford-Administration gab in der Öffentlichkeit vor, das Ganze zu verurteilen. Doch im Geheimen unterstützte man die Massaker. Auch im Nahen Osten war die Lage ähnlich. Carter erhielt für die Verträge von Camp David einen Friedensnobelpreis. In Camp David akzeptierten die USA und Israel letztendlich den Vorschlag aus dem Jahr 1971. Die Verhandlungslage wurde von Washington als schlechter betrachtet, da die Palästinenser nun auch am Tisch saßen. In den Jahren zuvor nutzte Israel die massive US-Unterstützung hauptsächlich dafür, die Besatzung Palästinas durchzusetzen und aufrechtzuerhalten. Von Präsidenten wie Nixon und Reagan und deren massiven Verbrechen brauchen wir erst gar nicht anzufangen. Reagan war der erste US-Präsident, dessen Verbrechen vom Internationalen Gerichtshof verurteilt wurden. Ebenso bekannt und vielerorts diskutiert wurden die Verstöße von Bush senior und Bill Clinton. Die Clinton-Administration bombardierte eine Apothekenfabrik im Sudan – und sie wusste das. Das gehörte noch zu den kleineren Verbrechen. Die Folge dieser einzigen Attacke waren Zehntausende getöteter Zivilisten, da viele Menschen von den Medikamenten, die dort hergestellt wurden, abhängig waren. Wenn jemand das »uns« antun würde, würden wir dann überhaupt noch groß darüber diskutieren, was hier geschehen ist? Bush juniors Verbrechen waren der Einmarsch in den Irak, bis jetzt das größte Verbrechen des 21. Jahrhunderts, sowie der Afghanistankrieg, der zum längsten Krieg der amerikanischen Geschichte mutiert ist. Barack Obamas Nahostpolitik war ebenso verheerend. Sein globales Attentatsprogramm – die massive Ausweitung des US-Drohnenkriegs – ist ein Verbrechen, auf das ich nun mehrmals eingegangen bin und dessen Illegalität außer Frage stehen sollte.

Feroz: Sie haben bereits den Einfluss Israels auf US-Wahlen angesprochen. Es ist ja nichts Neues, dass die US-Außenpolitik im Nahen Osten vor allem mit den Interessen Israels konform ist. Das war auch vor Trump der Fall. Wie stark ist der Einfluss der sogenannten Israel-Lobby tatsächlich?

Chomsky: Mein Freund Gilbert Achcar, ein ausgewiesener Experte des Nahen Ostens sowie internationaler Politik im Allgemeinen, beschrieb diesen Gedanken als »traumhaft«, und zwar zu Recht. Es ist nicht die Lobby, die die US-amerikanische Hightech-Industrie einschüchtert und sie dazu bewegt, ihre Investitionen in Israel zu erhöhen. Es ist auch nicht die Lobby, die einen Arm der US-Regierung dazu bewegt, Ausrüstung für das US-Militär im Vorhinein für spätere Operationen aufzustellen oder die Verbindungen zwischen dem Militär oder dem Geheimdienst zu intensivieren. Wenn die Ziele der Lobby konform sind mit den strategischen und wirtschaftlichen Interessen der USA, bekommt sie auch, was sie will: zum Beispiel das Zerschmettern der Palästinenser, die für die staatlich-kooperative Macht der USA ohnehin kaum von Bedeutung sind. Wenn die Ziele auseinandergehen, wie es oftmals passiert, verschwindet die Lobby schnell, da sie weiß, dass man authentische Macht lieber nicht herausfordern sollte.

Feroz: Viele Beobachter sind dennoch der Meinung, dass die Israel-Lobby genug Einfluss hat, ihre Interessen selbst dann durchzusetzen, wenn kaum wirtschaftliche oder politische Gemeinsamkeiten bestehen. Die Kritik an Israel ist weiterhin eine Art rote Linie. Sie selbst wurden aufgrund ihrer propalästinensischen Haltung von rechten Zionisten immer wieder heftig angegriffen. Die *New York Times* veröffentlicht die Meinung rechter Fanatiker wie Naftali Bennett. Der öffentliche Diskurs wird doch stark von solchen Sachen dominiert, oder nicht?

Chomsky: Das ist alles richtig. Dennoch hat all das in den letzten Jahren auch abgenommen. Man hat nicht wirklich Macht über die öffentliche Meinung. Zahlenmäßig kommt die Unterstützung unabhängig von der Lobby, nämlich von christlichen Fundamentalisten. Der amerikanische und britische Zionismus, der der zionistischen Bewegung vorausging, berief sich auf verschiedene Interpretationen von biblischen Prophezeiungen. Die Bevölkerung unterstützt in weiten Teilen die Zwei-Staaten-Lösung, ohne zu wissen, dass die USA sie stets unilateral verhindert haben. Die gebildete Schicht, darunter auch jüdische Intellektuelle, haben sich anfangs wenig für Israel interessiert. Das war noch vor dem großen militärischen Sieg im Jahr 1967. Es war dieser Sieg, der die israelisch-amerikanische Allianz wirklich erschuf. Damit begann auch die Liebesaffäre mit Israel seitens der gebildeten Schicht. Israels militärische Fähigkeiten sowie die amerikanisch-israelische Allianz war eine Versuchung, der man kaum widerstehen konnte. Man kombinierte die Unterstützung für Washington mit der Verehrung von Macht und humanitären Vorwänden.

Feroz: Bezüglich des Nahostkonflikts meinten Sie einige Male, dass es irrelevant sei, ob über eine Ein- oder Zwei-Staaten-Lösung debattiert wird. Warum?

Chomsky: Es ist irrelevant, weil ein Staat keine Lösung ist. Es ist eigentlich schlimmer als irrelevant, es ist eine Ablenkung. Die tatsächlichen Optionen sind entweder zwei Staaten oder eine Fortführung von dem, was Israel dank US-amerikanischer Unterstützung tut. Der Gaza-Streifen wird weiterhin in fürchterlicher Art und Weise besetzt und vom Westjordanland getrennt gehalten. Dieses wird aufgrund des Siedlungsbaus immer mehr in Israel integriert. Die Palästinenser werden vertrieben. Die zweite Option ist, dass weder Israel noch die USA einer Ein-Staaten-Lösung zustimmen werden. Es gibt auch keine internationale Unterstützung hierfür. Solange sich die Realität der gegenwärtigen Situation nicht ändert, macht es wenig Sinn, über einen Staat zu debattieren. Ob man es einsehen will oder nicht: Es ist eine Ablenkung. Deshalb muss man sich auf die erste Option fokussieren und versuchen, diese umzusetzen. Das ist die Logik der gegenwärtigen Situation.

Feroz: Trump und Putin scheinen sich persönlich gut leiden zu können. Denken Sie, dass sich die Beziehungen zwischen Russland und den USA doch verbessern könnten?

Chomsky: Es wäre eine hoffnungsvolle Aussicht, wenn die gefährlichen und stets zunehmenden Spannungen an der russischen Grenze reduziert werden würden. Ich betone, dass es hier um die russische Grenze geht, nicht um die mexikanische, wo die Lage ebenso beunruhigend ist. Das ist wiederum eine andere Geschichte. Es ist auch möglich, dass Europa sich immer mehr von Trumps Amerika distanziert, wie es bereits von Angela Merkel und anderen europäischen Politikern mehr oder weniger in den Raum geworfen wurde. Diese Distanzierung würde auch die Briten, die als Stimme der amerikanischen Macht gelten, nach dem Brexit betreffen. Ein solcher Schritt würde womöglich auch die Europäer dazu bewegen, sich um eine Reduzierung der Spannungen mit Russland zu bemühen. Das könnte sich dann sogar in eine Richtung bewegen, wie es sich Gorbatschow einst gewünscht hatte, sprich ein integriertes eurasisches Sicherheitssystem ohne Militärallianzen. Diese Vision wurde von den Amerikanern verworfen, um die NATO zu expandieren, und wurde vor einiger Zeit von Putin wieder ins Leben gerufen. Ob das ernst gemeint war, wissen wir noch nicht. Die Geste wurde nämlich abgewiesen.

Feroz: Während im Kontext der Präsidentschaftswahlen weiterhin über eine russische Einmischung gesprochen wird, sollte doch eines nicht vergessen werden: Die USA haben sich in den letzten Jahren weltweit in die Politik fremder Staaten, auch in Wahlen, eingemischt. Wie lässt sich das zusammenfassen?

Chomsky: Seit dem Ende des Zweiten Weltkriegs ist die Geschichte der US-amerikanischen Außenpolitik geprägt von Interventionen und dem Sturz ausländischer Regime, darunter auch parlamentarischer Regierungen. Man griff oft auf Gewalt zurück, um populäre Organisationen, die der Mehrheit der jeweiligen Bevölkerungen eine Möglichkeit für eine selbstständige Politik gegeben hätten, zu zerstören. Nach dem Krieg waren die USA darum bemüht, die traditionell-konservative Weltordnung wiederherzustellen. Um dieses Ziel zu erreichen, war es notwendig, antifaschistischen Widerstand zu zerschlagen, wovon oftmals Nazis und faschistische Kollaborateure profitierten. Man schwächte Gewerkschaften und andere Bewegungen, um die Bedrohung der radikalen Demokratie und soziale Reformen einzudämmen. Unter den damaligen Umständen galten diese Dinge als realisierbare Optionen, die eine Veränderung herbeigeführt hätten. Diese Politik der USA wurde weltweit umgesetzt: In Asien betraf das etwa Südkorea, die Philippinen, Thailand, Indochina und vor allem Japan. In Europa war das bei Griechenland, Italien, Frankreich und hauptsächlich Deutschland der Fall. In Südamerika, wo laut der CIA die schlimmste Bedrohung der damaligen Zeit – der »radikale Nationalismus« – zugange war, operierte man unter anderem in Guatemala und Bolivien. Manchmal war man auch auf extreme Brutalität angewiesen. In den 1940er-Jahren wurden in Südkorea um die 100 000 Menschen von Sicherheitskräften, die von den USA installiert und dirigiert wurden, getötet. Das geschah noch vor dem Korea-Krieg, bei dem sich durch massive Intervention von außen zwei Seiten bekriegten: eine revolutionär-nationalistische Bewegung, die ihre Wurzeln im antikolonialen Kampf hatte, sowie eine konservative Bewegung, die den Status quo aufrecht erhalten wollte, um die Macht unter der US-amerikanischen Besatzung wiederherzustellen.

In Griechenland wurden im selben Zeitraum Hunderttausende von Menschen getötet, gefoltert, weggesperrt oder vertrieben unter der Führung militärischer Akteure, die abermals von den USA dirigiert wurden. Auch hier wollte man die Macht traditioneller Eliten wiederherstellen. Unter ihnen befanden sich auch Nazi-Kollaborateure. Währenddessen wurden die kommunistischen Kräfte, die sich aus der Arbeiterschicht bildeten und gegen die Nazis kämpften, unterdrückt. In industriellen Gesellschaften wurden dieselben Ziele von den Amerikanern durchgesetzt, allerdings nicht mit derart brutalen Mitteln.

Feroz: Es gab auch Interventionen in Australien und Italien.

Chomsky: Ja, es gibt Beweise dafür, dass die CIA an jenem Putsch beteiligt gewesen war, der die Regierung von Gough Whitlam in Australien im Jahr 1975 zu Fall gebracht hatte. Dies geschah, nachdem man die Sorge verspürte, dass die Regierung womöglich gegen Washingtons Militär- und Geheimdienstanlagen in Australien vorgehen würde. Dass die CIA intensiv in Italien mitmischte, ist der Öffentlichkeit seit 1976 bekannt. Damals wurde der Pike-Report des US-Kongresses geleaked. Dieser machte deutlich, dass über 65 Millionen US-Dollar investiert wurden, um auf politische Prozesse in Italien Einfluss zu nehmen. Dies begann bereits 1948 und wurde bis in die frühen 1970er-Jahre fortgesetzt. 1976 fiel die Regierung von Aldo Moro, nachdem bekannt wurde, dass die CIA sechs Millionen US-Dollar aufgewendet hatte, um antikommunistische Kandidaten zu unterstützen. In dieser Zeit bewegten sich die kommunistischen Parteien Europas immer mehr in Richtung Unabhängigkeit und förderten pluralistische und demokratische Tendenzen. Dieser Eurokommunismus gefiel weder Washington noch Moskau. Aus diesem Grund stellten sich beide Supermächte gegen die Legalisierung der Kommunistischen Partei in Spanien. Sie stellten sich auch gegen den wachsenden Einfluss der Kommunistischen Partei in Italien. Außerdem beeinflussten die beiden Regierungen Frankreichs Innenpolitik. Henry Kissinger meinte, dass es ein Problem werden könnte, wenn in europäischen Staaten westlich-kommunistische Parteien attraktiv für die Bevölkerung erscheinen und nach mehr Unabhängigkeit streben würden. Außerdem könnten sie die NATO-Allianz bedrohen.

Von der Pressefreiheit in der freien Welt

Mark Twain soll einst gesagt haben: »Dank Gottes Gnade besitzen wir in diesem Land drei unglaublich wertvolle Dinge: die Freiheit des Gewissens, die Freiheit der Rede und die Klugheit, keine der beiden jemals in Anspruch zu nehmen.«

In seiner unveröffentlichten Einleitung zu *Animal Farm* – gewidmet der »literarischen Zensur« im freien England – nannte George Orwell einen Grund für jene Klugheit, die Twain meinte. Es herrsche, so schrieb er, ein allgemeines, stillschweigendes Abkommen darüber, dass es nicht notwendig sei, bestimmte Tatsachen zu benennen. Dieses stillschweigende Abkommen bewirke eine »verschleierte Zensur« basierend »auf einer strengen Glaubenslehre, einer Sammlung von Ideen, die alle vernünftigen Menschen ohne jegliche Hinterfragung anerkennen«, und »jeder, der diese vorherrschenden Ideen in Frage stellt, wird mit überraschender Effizienz zum Schweigen gebracht« – sogar ohne »irgendein offizielles Verbot«.

Die Ausübung jener Klugheit können wir in freien Gesellschaften permanent beobachten. Exemplarisch hierfür ist die amerikanisch-britische Invasion des Iraks. Sie ist das Paradebeispiel einer Aggression ohne jeglichen glaubwürdigen Vorwand, das »höchste, internationale Verbrechen«, wie derartige Aktionen einst während der Nürnberger Prozesse definiert wurden. Es ist legitim zu behaupten, dass dies ein »dummer Krieg«, ein »strategischer Missgriff« oder – um es mit Barack Obamas Worten, die von der liberalen Presse besonders gelobt wurden, auszudrücken – sogar »der größte strategische Fehler in der jüngeren Geschichte der amerikanischen Außenpolitik« gewesen ist.

Doch all dies reicht nicht aus, um zu beschreiben, was die Invasion des Iraks tatsächlich gewesen ist, nämlich das Verbrechen des Jahrhunderts. Niemand würde sich sträuben, derartige Worte zu benutzen, wenn ein offizieller Feind ein solches oder sogar ein kleineres Verbrechen begangen hätte. Die vorherrschende Lehre ist gewiss auch nur schwer mit den Aussagen von historischen Figuren wie Präsident Ulysses S. Grant in Einklang zu bringen. Dieser war nämlich der Meinung, dass kein Krieg so »niederträchtig« gewesen sei wie jener, den die USA einst gegen Mexiko führten und dabei jene Gebiete eroberten, die heute Kalifornien und den Südwesten des Landes ausmachen. Grant kämpfte bei diesem Krieg als Junior Officer mit. Später meinte er auch, dass er sich dafür schämen würde, nicht die moralische Tapferkeit aufgebracht zu haben, um zurückzutreten. Stattdessen beteiligte er sich an den Verbrechen.

Die Unterwerfung unter eine vorherrschende Glaubenslehre hat Konsequenzen. Unverhohlen wird davon gesprochen, dass wir nur jene Kriege führen, die klug, richtig und gerecht sind. Kriege, deren Ziele erreicht werden. In der Realität sind sie jedoch absolut niederträchtig und schreckliche Verbrechen. Die Beweislast dafür ist erdrückend. In einigen Fällen ist die Situation ähnlich wie bei jenem Jahrhundertverbrechen, und auch die Praxis jener Kreise stimmt dort überein.

Ein weiterer bekannter Aspekt jener Glaubenslehre ist das Verteufeln offizieller Feinde. Ich möchte diesbezüglich auf ein Beispiel aufmerksam machen, das fast zufälliger nicht sein könnte, nämlich der Ausgabe der *New York Times*, die zufälligerweise vor mir liegt und in der ein kompetenter Wirtschaftsjournalist vor dem Populismus eines Hugo Chávez warnt, der nach seiner Wahl in den späten 1990er-Jahren angeblich »jedwede demokratische Institution, die ihm im Weg stand, bekämpfte«.

Um nun wieder auf die reale Welt zurückzukommen: Die Vereinigten Staaten unterstützten den Militärputsch gegen die Chávez-Regierung voll und ganz, und die *New York Times* trug ihren Teil dazu bei, bevor der Putsch durch einen Volksaufstand wieder rückgängig gemacht wurde. Und was man auch immer von Chávez halten mag, muss man akzeptieren, dass er mehrmals Wahlen gewann, die von internationalen Beobachtern als frei und fair bezeichnet wurden. Zu diesen Beobachtern gehörte auch die Carter Foundation, dessen Gründer, der ehemalige US-Präsident Jimmy Carter, Folgendes meinte: »Von den 92 Wahlen, die wir beobachtet haben, würde ich behaupten, dass der Wahlprozess in Venezuela der beste auf der Welt gewesen ist.« Venezuela unter Chávez schnitt im internationalen Vergleich immer sehr gut ab, wenn es um die Frage ging, inwiefern die Öffentlichkeit die Regierung unterstützt.

Natürlich gab es ohne Zweifel auch demokratische Defizite in den Chávez-Jahren, darunter etwa die Repressalien gegen den Fernsehsender RCTV, die sehr scharf kritisiert wurden. Auch ich gehörte zu den damaligen Kritikern und war der Meinung, dass so etwas in einer freien Gesellschaft nicht geschehen darf. Wenn allerdings ein prominenter Fernsehsender in den USA einen Militärputsch unterstützen würde, so wie es RCTV tat, dann würde er hierzulande wenige Jahre später nicht unterdrückt werden, weil er gar nicht mehr existieren würde. Die Verantwortlichen würden im Gefängnis sitzen, wenn sie denn überhaupt noch am Leben wären. Die herrschende Glaubenslehre überdeckt solche Fakten allerdings vollständig.

Das Versagen, stichhaltige Informationen zu liefern, hat ebenso Konsequenzen. Die Amerikaner müssen sich darüber im Klaren sein, dass Umfragen, die von führenden US-Agenturen zehn Jahre nach dem größten Verbrechen des Jahrhunderts durchgeführt wurden, deutlich gemacht haben, dass die Weltöffentlichkeit die USA als die größte Bedrohung für den Weltfrieden sieht. Kein Land macht den USA diese Rolle auch nur annähernd streitig, nicht einmal der Iran, der hierzulande sicherlich als die größte Bedrohung gesehen wird. Anstatt diese Tatsache zu verdecken, hätte die Presse lieber ihrer Aufgabe nachgehen sollen. Sie hätte die Öffentlichkeit darauf aufmerksam machen müssen, was all dies bedeutet. Doch auch die Vernachlässigung von Pflichten hat Konsequenzen.

Die genannten Beispiele sind schlimm genug, doch es gibt andere, die noch viel folgenreicher sind – etwa die Präsidentschaftskampagne des Jahres 2016. Sie fand im mächtigsten Staat der Geschichte statt. Die Berichterstattung war allgegenwärtig, und sie war lehrreich. Es gab Themen, die von den Kandidaten nahezu vollkommen gemieden und auch von den Kommentatoren ignoriert wurden. Dies stand in Einklang mit dem journalistischen Prinzip der »Objektivität«, also genauestens darüber zu berichten, was die Mächtigen tun und sagen – und bloß nicht über die Themen, die sie ignorieren. (Siehe auch Seite 158) Dieses Prinzip gilt selbst dann, wenn das Schicksal der Menschheit auf dem Spiel steht – und genau das ist hier der Fall: sowohl bei der wachsenden Gefahr eines Atomkriegs als auch der schrecklichen Bedrohung einer Umweltkatastrophe.

Am 8. November 2016 hatte diese Nachlässigkeit einen Höhepunkt erreicht. An jenem Tag konnte Donald Trump zwei Siege erringen. Jener, der weniger von Bedeutung war, genoss massive mediale Aufmerksamkeit. Es war sein Wahlsieg, der zustande kam, obwohl er fast drei Millionen Wahlstimmen weniger hatte als seine Kontrahentin. Das haben wir natürlich den Lücken im US-amerikanischen Wahlsystem zu verdanken. Trumps weitaus bedeutsamer Sieg wurde allerdings so gut wie ignoriert. Es geht um seinen Sieg in Marrakesch in Marokko, wo sich über 200 Staaten versammelt hatten, um die ernstzunehmenden Folgen des Klimawandels im Rahmen des Pariser Übereinkommens zu diskutieren. Am 8. November wurde das Verfahren allerdings unterbrochen. Während die übrig gebliebenen Staaten damit beschäftigt waren, ein wenig Hoffnung zu schüren, traten die Vereinigten Staaten nicht nur aus dem Übereinkommen aus. Sie zogen es auch vor, den gesamten Prozess zu sabotieren, indem sie den Gebrauch fossiler Brennstoffe massiv verstärkten, Regulierungen abbauten und ihr Versprechen zurücknahmen, Entwicklungsländern beim Aufbau erneuerbarer Energien zu helfen.

Das, worüber Trump an diesem Tag gesiegt hatte, war nichts weniger als die Chance auf ein zivilisiertes Leben in der Form, wie wir es kennen. Doch die Berichterstattung diesbezüglich lag praktisch bei null, denn man wollte jene »Objektivität« aufrechterhalten, die von den Praktiken und Doktrinen der Macht festgelegt wurde.

Eine wahrhaftig unabhängige Presse weist eine Unterordnung zurück. Sie wehrt sich gegen Macht und Autorität. Sie prüft die bestehende Glaubenslehre kritisch und stellt jene Fragen, die von Menschen, die meinen, *richtig* zu denken, nicht gestellt werden. Sie reißt den Schleier der Zensur weg und macht der Öffentlichkeit jene Informationen und Meinungsvielfalt zugänglich, die für eine politische Partizipation sowie für das soziale und politische Leben im Allgemeinen notwendig sind. Hinzu kommt, dass es Aufgabe einer unabhängigen Presse ist, den Menschen eine Plattform anzubieten, die sie betreten und auf der sie über jene Themen, die sie als wichtig empfinden, debattieren können. Sobald sie das tut, erfüllt sie ihre Funktion als ein Fundament einer wahrhaftig freien und demokratischen Gesellschaft.

Noam Chomsky im Januar 2017

4 Gott, Religion und der Staat

Noam Chomsky ist kein religiöser Mensch. Als linksintellektuelle Ikone wäre das womöglich auch etwas merkwürdig. Dennoch spielte Religion im Leben Chomskys stets eine wichtige Rolle, vor allem in politischer Hinsicht. Sein Vater, William Chomsky, war ein renommierter Gelehrter der hebräischen Sprache und stammte ursprünglich aus der Ukraine. Im Stammbaum der Chomskys gibt es viele konservative Juden, andere hingegen hatten einen Hang zum Sozialismus und zur Arbeiterbewegung. Noam Chomsky und seinen Geschwistern brachte der Vater Hebräisch bei und debattierte mit ihnen regelmäßig über den Zionismus. In der vorwiegend deutsch-irischen Nachbarschaft in Philadelphia gab es nur wenige jüdische Familien, und Chomsky machte Erfahrung mit dem alltäglichen Antisemitismus – Erlebnisse, die Chomsky bis heute prägen. Sie gehören ohne Zweifel zu den Gründen, warum sich Chomsky stets für Minderheiten einsetzt und vor Rassismus und Faschismus warnt. Dies tat er auch, wenn es um die Politik des »jüdischen Staates« Israels ging. Für jene, die die israelische Besatzungspolitik unterstützen, gilt Chomsky bis heute als »Israelhasser« oder als ein »selbsthassender Jude«.

Derartige Verleumdungen fanden im Heiligen Land bereits vor Tausenden von Jahren statt, als biblische Propheten verjagt und ermordet wurden.

Obwohl sich Noam Chomsky selbst bereits seit jungen Jahren als nicht religiös bezeichnet, ist sein Umgang mit Religion und Religiosität von großem Respekt und Toleranz geprägt. Entschlossen setzt er sich gegen die wachsende Islamophobie in westlichen Gesellschaften ein und übt starke Kritik an dem Zerrbild des »wilden, barbarischen Muslims«, mit dem die brutalen Kriege der vergangenen Jahre – allen voran jene in Irak und Afghanistan – von gewissen Akteuren immer wieder gerechtfertigt wurden. Gleichzeitig kennt Chomsky keine falsche Zurückhaltung, wenn es um den engsten Verbündeten der USA im Nahen Osten geht: Saudi-Arabien. Obwohl die puritanisch-absolutistische Monarchie in den letzten Jahrzehnten radikale Strömungen auf der ganzen Welt unterstützt hat, werden die Saudis von Washington bis nach Berlin und London hofiert und mit Waffendeals regelrecht überschüttet.

Im Gegensatz zu vielen anderen linken Intellektuellen sieht Chomsky im Islam nicht die Ursache der Konflikte in der arabischen Welt. Stattdessen spricht er sich gegen Kopftuchverbote aus und betont, dass niemand orthodoxen Juden oder Muslimen eine Vollverschleierung verbieten dürfe. Die säkularen Gesellschaften müssten sich davor hüten, selbst immer restriktiver zu werden und aus dem Säkularismus eine eigene Religion zu machen – eine Absicht, die im Laufe der Jahre bereits viel Schaden angerichtet habe.

Ähnlich ambivalent ist auch Chomskys kritischer Umgang mit dem Christentum. In seinem Büro in der Universität von Arizona hängt ein Bild von Martin Luther King, einem gläubigen Christen. Große Sympathien hat Chomsky auch für christliche Bewegungen wie die Jesuiten in Südamerika, zu denen er selbst Kontakte pflegte und die in der Region ein wichtiger Pfeiler gegen Unterdrückung und Armut gewesen waren. Umso kritischer sieht er allerdings jene evangelikalen Christen, die heute die US-amerikanische Politik mitbestimmen und deren fanatischer Weltherrschaftswahn in der Person Donald Trumps mittlerweile das Weiße Haus erreicht hat.

Feroz: Sie haben einen jüdischen Hintergrund. Glauben Sie an Gott oder an irgendeine Art von Spiritualität?

Chomsky: Nein, ich persönlich tue das nicht. Ich denke, dass irrationaler Glaube ein gefährliches Phänomen ist, weshalb ich so etwas meide. Andererseits verstehe ich allerdings, dass der Glaube ein wichtiger Bestandteil des Lebens vieler Menschen ist. Ein Bestandteil mit vielen verschiedenen Auswirkungen.

Feroz: Wie war der Umgang mit Religion in Ihrer eigenen Familie?

Chomsky: Die Familie meines Vaters war überaus religiös. Viele waren sehr orthodox, vor allem mein Großvater, der aus Osteuropa stammte und dort mit jenen veralteten Werten aufwuchs, die bei den dortigen Juden auf dem Land damals üblich gewesen sind. Ich kann mich noch daran erinnern, als wir meine Großeltern an jüdischen Feiertagen besuchten. An einem solchen Feiertag, Pessach, bemerkte ich, dass mein Großvater rauchte. Ich wusste, dass das Feuermachen am Sabbat nicht erlaubt war und dass laut dem Talmud kein Unterschied zwischen dem Sabbat und den Feiertagen besteht außer in Essensangelegenheiten. Es ist also erlaubt, an den Feiertagen ein Feuer zu machen, um zu kochen. Alles andere ist verboten. Daraufhin erklärte mir mein Vater, dass mein Großvater für sich selbst entschieden hätte, dass das Rauchen eine Form des Essens sei. Für mich war das absurd, da mein Großvater dachte, Gott sei so dumm, dass er das nicht bemerken würde. Je mehr ich darüber nachdachte, umso mehr fiel mir auf, dass fast alle organisierten Religionen oftmals die Annahme haben, dass man Gott betrügen und dessen Anordnungen umgehen könne. Deshalb galt für mich als Zehnjähriger Folgendes: Wenn das deine Auffassung und dein Konzept von Gott ist, dann interessiert es mich nicht. Es schien mir sinnlos, einem solchen Konzept zu folgen.

Feroz: Wann waren Sie davon überzeugt, dass es keinen Gott gibt?

Chomsky: Ich war nie davon überzeugt, denn ich wusste nie, was die grundlegende Frage ist. Was ist das, was es nicht geben soll? Es gibt keine kohärente Antwort, die mir einfällt.

Feroz: Sie meinten einmal, dass der Talmud der ideale Text sei. Warum?

Chomsky: Wenn man eine Seite des Talmuds betrachtet, wird man feststellen, dass in der Mitte der Seite eine Passage aus dem Mischnah, dem Buch der Gesetze, zu finden ist. Rundherum befinden sich Kommentare. In der oberen rechten Ecke sieht man den Kommentar von jemandem, und in der oberen linken Ecke findet man den Kommentar von jemand anderem. Neunzig Prozent der Seite besteht aus Kommentaren über den Satz, der in der Mitte steht. Wenn nur jemand derartige Fußnoten schreiben könnte, wäre das doch fantastisch.

Feroz: Sie haben einmal gesagt, dass Sie den Propheten Amos mögen. Warum mögen Sie ausgerechnet ihn?

Chomsky: Das Wort »Prophet« bedeutet so ziemlich das, was wir heute als »Intellektuellen« bezeichnen. Es hat nichts mit Prophezeiungen zu tun. Als Amos mit seiner Ansprache begann, sagte er, dass er kein Prophet sei und dass auch sein Vater kein Prophet gewesen ist. »Ich bin ein einfacher Hirte und Bauer«, waren seine Worte. Darauffolgend sagte er einige tiefgründige Dinge. Mir gefiel das.

Feroz: Sie werden aufgrund Ihrer kritischen Haltung gegenüber Israel oftmals als »selbsthassender Jude« bezeichnet.

Chomsky: Ich bin glücklich, mit Elijah, der sich dem schlimmsten König, der in der Bibel erwähnt wird, widersetzte, in Verbindung gebracht zu werden.

Feroz: 1953 zog es Sie nach Israel, wo Sie mit Ihrer damaligen Ehefrau Carol in einem Kibbuz lebten. Sie zogen es damals sogar in Erwägung, nach Israel zu ziehen. Warum haben Sie Ihre Meinung geändert?

Chomsky: Wir verbrachten dort einige Monate. Wir waren damals Studenten, also nahmen wir uns frei im Sommer.

Und ja, wir spielten mit diesem Gedanken. Ich erhielt damals meine Stelle am MIT. Carol ging dann zurück nach Israel und blieb dort für einen längeren Zeitraum. Sie kam dann zurück in die Staaten und ging davon aus, dass wir gemeinsam zurückgehen würden. Wir dachten darüber nach, doch es passierte nicht. Ich denke nicht, dass das lange gehalten hätte. Wir waren in einem sehr linkspolitischen Kibbuz unweit von einer arabischen Gemeinde. Es gab vieles, das mir gefiel, andere Dinge wiederum gefielen mir nicht. Im Laufe der Jahre veränderte sich vieles. Mittlerweile ist die Stimmung im Land sehr reaktionär. Ich hätte dort wahrscheinlich nicht bleiben können.

Feroz: Fiel Ihnen schon damals der Rassismus innerhalb der israelischen Gesellschaft auf?

Chomsky: Ja, ziemlich. Um ein Beispiel zu nennen: Es gab eine Gruppe von marokkanischen Juden, die – und das fand ich erst später heraus – ihren Eltern mehr oder weniger entrissen und entführt wurden. Wir lebten unter ihnen. Das Kibbuz war damals sehr arm. Wir lebten in einem Container. Einige andere Bewohner warnten uns und meinten, dass wir die Türen abschließen und auf die Marokkaner achten sollten. »Das sind alles Kriminelle«, hieß es. Doch sie waren sehr liebenswerte Kinder.

Als ich einmal auf dem Feld arbeitete, fiel mir ein Streit unter einigen Jugendlichen auf. Eine Frau, die für die Landwirtschaft verantwortlich war, ging zu ihnen. Sie wollte wissen, was da los war. Als sie zurückkam, fragte ich sie, was passiert sei. Sie meinte daraufhin, dass die Kinder aus dem Kibbuz die anderen

Kinder, von denen sie glaubten, dass sie marokkanische Juden sein, beschimpften. »Ich musste ihnen sagen, dass das keine marokkanischen Juden waren, sondern Araber, die uns besuchten, und dass wir nett zu ihnen sein sollen«, sagte sie. Wären sie marokkanische Juden gewesen, wäre das Ganze also kein Problem gewesen. Es gab viele ähnliche Vorfälle. Ich traf einmal jemanden, der die arabischen Dörfer besuchte, um Wählerstimmen für seine Partei zu fischen. Er war so etwas wie ein Bezirksverwalter. Damals verstand ich noch genug Arabisch, um Gespräche zu verfolgen. Ich erinnere mich an ein Dorf, in dem die Menschen auf der anderen Straßenseite des Kibbuz lebten. Sie pflegten einen freundlichen Umgang miteinander. Sie wollten mit dem Kibbuz Handel betreiben und Kontakte pflegten, doch sie durften nicht die Straße überqueren, es sei denn, sie wollten nach Haifa, das rund 20 Meilen entfernt lag. Sie brauchten eine Erlaubnis für die Überquerung. Dadurch wäre es ihnen womöglich auch gestattet gewesen, mit den Menschen im Kibbuz zu interagieren. Einige Bewohner des Kibbuz sprachen diese Thematik an, doch die meisten interessierten sich nicht dafür.

Ein anderes Mal arbeitete ich mit einem älteren Kibbuz-Bewohner auf dem Feld. Ich bemerkte einen Steinhaufen. Als ich ihn fragte, was es damit auf sich habe, antwortete er anfangs nicht. Später erklärte er mir, dass das früher Teil eines befreundeten arabischen Dorfes gewesen sei, welches 1948 zerstört wurde. Er fühlte sich für die Zerstörung des Dorfes schuldig, doch er sagte auch Folgendes: »Da waren arabische Panzer, einige Meilen entfernt. Wir wollten einfach kein Risiko eingehen.«

Feroz: Was denken Sie über die Rolle von Religion in unseren Gesellschaften? Denken Sie, dass Religionen den politischen Alltag zu sehr beeinflussen?

Chomsky: Das allgemeine Bild ist ziemlich hässlich, und das ist weitläufig bekannt. Es ist allerdings wichtig, an einige Ausnahmen zu erinnern. Ein Beispiel hierfür war das, was in Südamerika nach dem Zweiten Vatikanischen Konzil von Papst Johannes XXIII. im Jahr 1962 geschah. Es gab ernsthafte Schritte, um die radikal-pazifistische Aussage der Evangelien wiederherzustellen. Diese wurden nämlich verworfen, als der Imperator Konstantin im 4. Jahrhundert das Christentum annahm und dadurch zur offiziellen Doktrin des römischen Reiches machte. Dadurch wurde die Kirche der Verfolgten zur Kirche der Verfolger, wie der bekannte Schweizer Theologe Hans Küng die Umwandlung treffend beschrieb. Die Inhalte des Konzils wurden von Priestern, Bischöfen und anderen Geistlichen in Südamerika aufgenommen und verbreitet. Sie widmeten sich der Hilfe von Armen und Unterdrückten und fanden dadurch ein Mittel, um ihre Rechte zu verteidigen. Das war die sogenannte Befreiungstheologie. Natürlich gab es bereits zuvor Ansätze hierfür in protestantischen Gemeinden und unter evangelikalen Christen. Diese Gruppierungen waren in den 1980er-Jahren der Kern einer bedeutenden Entwicklung, als meines Wissens nach zum allerersten Mal Menschen nicht nur gegen die schrecklichen Verbrechen ihrer Regierung demonstrierten, sondern sich auch mit den Opfern solidarisierten und ihnen halfen.

Feroz: Wie war das Verhältnis der USA zu diesen Bewegungen?

Chomsky: Die USA begannen wortwörtlich einen Krieg gegen die Kirche, vor allem im Zentralamerika der 1980er-Jahre. Das Jahrzehnt wurde geprägt von zwei entscheidenden Ereignissen in El Salvador: dem Attentat auf Erzbischof Oscar Romero, der die »Stimme der Stimmlosen« war, und 1989 der Ermordung sechs führender südamerikanischer Intellektueller, die Jesuiten-Priester gewesen waren. Romero wurde, wenige Tage nachdem er einen eloquenten Brief an Präsident Carter geschrieben hatte, ermordet. In dem Brief bat er darum, dass die USA die mörderische Militärjunta im Land nicht mehr unterstützen solle. Er schrieb, dass die Junta mithilfe dieser Unterstützung jene Bürger auslöschen würde, die ihre fundamentalen Menschenrechte verteidigen. Doch bis heute ist das US-amerikanische Militär stolz auf die damalige Unterstützung der Mörder. Die »School of the Americas« (auch bekannt als Western Hemisphere Institute for Security Cooperation), ein Trainingscamp des US-Militärs, ist bekannt dafür, südamerikanische Killer-Truppen ausgebildet zu haben, und sie ist stolz darauf, dass die Befreiungstheologie »mithilfe der US-Armee besiegt wurde«.

Feroz: Ich bin Muslim. Manche Menschen würden behaupten, dass ich aufgrund meiner Religion gefährlich sei oder dass der Islam Terrorismus verbreiten würde. George W. Bush startete 2001 einen Kreuzzug, der in Afghanistan, meiner Heimat, begann. Denken Sie, dass islamische Ideale, die viel mehr mit dem Judentum gemeinsam haben als etwa das Christentum, eine Gefahr darstellen?

Chomsky: Meiner Meinung nach ist der Islam wie das Judentum, Christentum oder wie der Buddhismus und andere Religionen. Es gibt nicht so etwas wie *die* islamischen Ideale. Es gibt viele verschiedene islamische Ideale. Die wahrhaftige Frage, die wir uns hier stellen müssen, ist jene, wie es mit dem Christentum aussieht. Das ist nämlich etwas, worum wir uns kümmern können. Es hat die höchste Priorität. Also: Was sind christliche Ideale? Es scheint sie überall zu geben, und Menschen in sehr hohen Positionen meinen, dass sie sehr devote Christen seien. Sie sagen sogar, dass sie auf der Basis von christlichen Werten handeln und wortwörtlich die Welt zerstören würden. Ich kenne niemanden in der islamischen Welt, der so etwas tun würde. Und natürlich sind das nun nicht alle christlichen Ideale, es gibt auch andere. Martin Luther King hielt völlig andere christliche Werte hoch. Es ist dasselbe mit der islamischen Welt, wo man viele verschiedene Auslegungen des Glaubens finden kann. Der Gedanke, dass es festgesetzte islamische Werte gibt, die ein Problem für die Welt darstellen, ist allerdings ein völlig falscher. Er bedeutet nichts.

Feroz: Können Sie hierzu auch konkrete Beispiele nennen?

Chomsky: Man muss individuelle Fälle in Betracht ziehen. Nehmen wir doch den Iran und die USA als Beispiele. Beide Staaten haben eine politische Führung, die der Meinung ist, tief religiös und dem Glauben verpflichtet zu sein. Nun stellt sich die Frage, was diese beiden Staaten in Anbetracht der Probleme, die sie miteinander haben, tun wollen. Es stellt sich heraus, dass die iranische Führung sehr konsequent eine atomwaffenfreie Zone, die jegliche Bedrohung in der Region beenden würde, fordert. Währenddessen sagen die christlichen Vereinigten Staaten mehr oder weniger Folgendes: »Sorry, das können wir nicht machen.« Warum? Weil wir, sprich die USA, israelische Atomwaffen vor möglichen Inspektionen beschützen müssen. Nun stelle ich mir folgende Frage: Was ist denn hier das Problem mit dem islamischen Glauben?

Feroz: Dank dieser christlichen Vereinigten Staaten wurde Jerusalem, also auch das besetzte Ostjerusalem, als Hauptstadt Israels mehr oder weniger anerkannt. Trump hat ja verkündet, die US-Botschaft verlegen zu wollen. Ist das ein besorgniserregender Wendepunkt? Und was lässt sich über die Allianz radikaler Zionisten und christlicher Fundamentalisten in den USA sagen?

Chomsky: Das, was nun als »Jerusalem« bezeichnet wird, ist fünf Mal so groß wie das traditionelle Jerusalem. Man hat palästinensische Dörfer und andere Territorien in Israel eingegliedert und besiedelt. Dadurch hat man nicht nur die Stadt erweitert, sondern sie auch von den Fragmenten des Westjordanlands abgeschnitten. Von den Palästinensern wird ohnehin erwartet, dass sie diese Gebiete verlassen, sobald das Projekt namens Großisrael vollbracht worden ist. Israel hat Jerusalem erfolgreich annektiert und damit gegen die Auflagen der Vereinten Nationen verstoßen. Praktisch der Rest der gesamten Welt weigerte sich, Jerusalem als Israels Hauptstadt anzuerkennen. Bis Trump an die Macht kam, beharrten auch die USA darauf. Doch nun hat sich Trump in dieser Thematik von der Welt abgespalten, ähnlich verhält es sich auch bei anderen Themen. Natürlich ist das für die Palästinenser ein harter, schmerzhafter

Schlag, der die Hoffnung auf einen durchführbaren Friedensprozess zerschmettert hat. Es ist wahrscheinlich, dass Trump mit seinem Handeln den christlichen Evangelikalen gefallen wollte, die einen großen Teil seiner Wählerschaft ausmachen. In den Jahren zuvor kam die große Unterstützung Amerikas und zahlreicher anderer Teile der Welt für Israel vor allem aus dem liberalen Lager. Dies veränderte sich allerdings kontinuierlich, als die israelische Besatzung ihre Siedlungsprogramme ausweitete und Israel selbst immer mehr nach rechts driftete. Gegenwärtig unterstützen mehrere Akteure, die sich selbst als Demokraten verstehen, eher die Rechte der Palästinenser als jene Israels. Das ist eine starke Verschiebung im Vergleich zu früheren Jahren. Währenddessen nahm die Unterstützung für Israels Politik unter den christlichen Fundamentalisten sehr stark zu. Sie machen einen bedeutenden Teil der US-amerikanischen Gesellschaft aus und sind die Ultranationalisten der Republikanischen Partei, die selbst ebenfalls sehr stark nach rechts gedriftet ist. Ähnliche Entwicklungen sind zurzeit auf der ganzen Welt zu beobachten.

Feroz: Die Religionsfreiheit und die Redefreiheit sind zwei Seiten derselben Medaille. Dennoch kann es sein, dass etwa Karikaturen oder bestimmte Äußerungen die religiösen Gefühle von Gläubigen verletzen. Hier geht es nicht nur um Zeichnungen des Propheten Mohammad, sondern auch um Verunglimpfung der katholischen Kirche. Sollte die Redefreiheit Ihrer Meinung nach trotzdem als absolutes Recht gelten?

Chomsky: Ich bin gewiss kein Absolutist. Ich denke nicht, dass man eine absolutistische Haltung einnehmen kann, wenn es um moralische oder ethische Prinzipien geht. Ich denke allerdings, dass die Redefreiheit ein hoher Wert ist, der beschützt werden muss. Der amerikanische Supreme Court hat im Jahr 1969 einen Standard gesetzt, der ziemlich vernünftig klingt. Damals (Brandenburg v. Ohio) hieß es, dass jede Rede verteidigt werden muss, solange sie nicht absichtlich zur Ausübung eines kriminellen Akts führt.

Die Veröffentlichung von Karikaturen, die Menschen beleidigen und verhöhnen, ist auf dem Niveau eines dummen, unreifen Streichs. Es ist allerdings wirklich vulgär, wenn man Menschen angreift, die ohnehin schon erdrückt werden. Es ist eine Sache, wenn man sich über die Mächtigen lustig macht. Wer das machen will, soll es tun. Doch wenn man sich Menschen aussucht, die bereits schon am Boden liegen, dann ist das einfach nur unanständig und obszön. Wer genau hinschaut, wird feststellen, dass die Menschen, über die sich die Zeichner von Charlie Hebdo lustig machten, als sie diese Mohammad-Karikaturen veröffentlichten, zu den Armen und Unterdrückten gehören. Hauptsächlich sind es Nordafrikaner, die aus ihrer Heimat fliehen mussten, weil sie von den Franzosen zerstört wurde. Die Geschichte Frankreichs in diesen Regionen ist bekannt, und sie war unglaublich brutal. Viele Menschen aus Nordafrika landeten in den Vorstädten von Paris, den Banlieues, wo sie in Slums leben und Repressionen, Verachtung und Entwürdigung ausgesetzt sind. Und dann kommt man her und veröffentlicht Karikaturen, in denen man sich ausgerechnet über diese Menschen lustig macht. Das ist ja wirklich sehr lustig. Doch selbst wenn wir von einer infantilen Vulgarität sprechen, bin ich der Meinung, dass die Redefreiheit beschützt werden muss.

Feroz: Wenige Tage nach dem Terroranschlag auf Charlie Hebdo wurden Juden in einem koscheren Supermarkt in Frankreich gezielt getötet. Benjamin Netanjahu und einige Mitglieder seiner Regierung meinten daraufhin, dass französische Juden nach Israel auswandern sollten. Was halten Sie von derartigen Vorschlägen?

Chomsky: Ja, der damalige Angriff auf den Supermarkt fand kurz nach Charlie Hebdo statt. Die Angreifer nahmen Geiseln und töteten vier Menschen. Es besteht kein Zweifel daran, dass es in Frankreich Antisemitismus gibt. Er ist real und gefährlich. Er ist allerdings noch lange nicht auf jener Ebene wie die Islamophobie im Land – und der Gedanke, dass Juden in Frankreich nicht sicher seien, ist eine Illusion. Dies betrifft auch den Terrorismus im Allgemeinen. Wie viele Menschen in den USA wurden durch Terrorismus getötet? Viel mehr Menschen hierzulande sterben durch Unfälle, die zuhause verursacht werden, als durch Terrorismus.

Terrorismus existiert, und er ist eine ernstzunehmende Gefahr. Es gibt verschiedene Wege, damit umzugehen. Ein Hauptweg, den man beschreiten könnte, wäre jener, sich selbst nicht am Terrorismus zu beteiligen. Der Drohnenkrieg, ein globales Attentatsprogramm, das vor allem unter Barack Obama intensiviert wurde, gehört zu den extremsten Terrorkampagnen der Gegenwart. Diese Kampagne hat das Ziel, Menschen aufgrund von Verdachtsfällen und möglichen Plänen, die uns eines Tages schaden könnten, zu töten – und all jene, die sich in deren Umfeld befinden. Das ist Terrorismus in Reinform, und er findet täglich statt.

Israel macht übrigens genau dasselbe. Es tötet Menschen, die verdächtigt werden, Israel zu schaden. Israel hat unter diesem

Vorwand zum Beispiel Syrien bombardiert. Das Ziel war allem Anschein nach jemand, dessen Vater bereits getötet wurde. Wie sich herausstellte, tötete der Angriff auch einige Iraner. Stellen Sie sich vor, der Iran ermordet Menschen in Israel aufgrund irgendwelcher Verdachtsfälle. Das ist nicht sonderlich weit hergeholt, denn in Israel gibt es tatsächlich Menschen, die Komplotte gegen den Iran planen und sogar dazu aufrufen, das Land anzugreifen. Würde das denn in Ordnung sein? Nein, natürlich nicht. Wir würden in den Krieg ziehen. Doch wenn wir das tun – Tausende von Menschen wahllos töten –, dann geht das in Ordnung.

Wenn wir all dies, all unsere Aktionen, zurückschrauben, dann würde es den Terrorismus auf der Welt stark reduzieren. Es ist weitgehend bekannt, dass unsere Drohnenangriffe als Reaktion Terrorismus hervorrufen. Im Übrigen ist das auch eines der Dinge, die von Fred Branfman erforscht wurden. Er hat in seiner Arbeit sehr deutlich hervorgebracht, dass selbst hohe Offizielle der US-amerikanischen Regierung sich darüber im Klaren sind, dass diese Angriffe der Nährboden für Dschihadisten sind. Dies bedeutet, dass diese Art des Terrorismus, der uns allen noch lebendig in Erinnerung ist, zurückgehen würde, wenn wir unsere eigenen Terror-Operationen stoppen würden.

Feroz: Geht es hierbei nur um Drohnenangriffe als Form westlichen Terrors?

Chomsky: Es gibt auch andere Studien, die Ähnliches deutlich machen. Menschen radikalisierten sich und riefen zum Dschihad auf, nachdem sie die Folter im Gefängnis von Abu Ghraib sahen. Sie sahen all die Unterdrückung und Entwürdigung, die die dortigen Gefangenen täglich erlebten. Natürlich rechtfertigt das keinen Terrorismus, aber es hilft, die Beweggründe zu erklären. Es sagt auch ganz klar aus, welche Schritte man einleiten muss, um den Terrorismus zu reduzieren, nämlich, dass man die eigenen Aktionen reduzieren und eliminieren muss, denn diese generieren den Terror wortwörtlich.

Feroz: Ein Beispiel hierfür sind auch die bereits erwähnten Pariser Attentäter. Zwei von ihnen hatten einen algerischen Hintergrund. Denken Sie, dass Frankreichs koloniale Vergangenheit in Nordafrika diesbezüglich eine Rolle spielt? Immerhin wurden zwischen 1954 und 1962 über eine Million Algerier von den Franzosen getötet.

Chomsky: Natürlich spielt das eine Rolle. Was damals geschehen ist, ist jenen Menschen noch lebendig in Erinnerung. Die Algerier erinnern sich nicht nur daran, sondern auch an das, was zuvor im frühen 19. Jahrhundert geschehen ist. Als die Franzosen in Algerien einmarschierten, war es ihr erklärtes Ziel, die Bevölkerung auszulöschen – und in diesem Bereich waren sie, wenn man es zynisch ausdrücken will, ziemlich erfolgreich. Das war nicht nur in Algerien der Fall, sondern auch in anderen Ländern, die von ihnen kolonialisiert wurden.

Feroz: Der IS oder Daesh ist zwar nicht mehr so aktiv wie noch vor wenigen Jahren, allerdings ist er noch nicht verschwunden. Mittlerweile findet man ihn in vielen Regionen der Welt – von Libyen über Irak bis hin nach Afghanistan. Wo sehen Sie die Wurzeln dieser Terrorgruppe?

Chomsky: Es gibt ein interessantes Interview mit Graham Fuller, einem ehemaligen CIA-Agenten und führenden Geheimdienst- und Nahostexperten, mit dem Titel »Die USA haben den IS kreiert«. Fuller macht schnell deutlich, dass die USA den IS nicht absichtlich erschaffen und diesen finanziert haben. Sein Punkt ist – und ich denke, dass er da recht hat –, dass die Vereinigten Staaten die Umstände geschaffen haben, in denen sich der IS entwickeln konnte.

Ein Teil davon ist natürlich die bekannte Vorgehensweise, Politik mit dem Vorschlaghammer zu machen. Dabei wird einfach zerstört, was einem nicht gefällt. Im Jahr 2003 taten die Vereinigten Staaten und Großbritannien das, als sie in den Irak einmarschierten. Das war ein großes Verbrechen. Der Irak war praktisch schon zerstört, etwa durch den Krieg mit dem Iran, der ein Jahrzehnt andauerte und bei dem der Irak von den USA unterstützt wurde. Später folgten die Sanktionen, die ebenfalls ein Jahrzehnt dauerten. Diese Sanktionen wurden unter anderem von zwei bekannten internationalen Diplomaten, die sie verwalteten, als »genozidal« bezeichnet. Einer von ihnen räumte seinen Posten aus Protest. Die zerstörte Zivilgesellschaft stärkte den Diktator, da sie die Bevölkerung in die Abhängigkeit zu ihm zwang.

2003 entschlossen sich die USA für den Angriff auf das Land. Von vielen Irakern wird dieser Angriff mit jenem der Mongolen, der fast ein Jahrtausend früher stattfand, verglichen. Hunderttausende von Menschen wurden getötet, Millionen wurden zu Geflüchteten und Vertriebenen, der archäologische Reichtum und der verbliebene Wohlstand des Landes wurden vernichtet.

Eine Auswirkung der Invasion war eine sektiererische Spaltung. Wenn man einen Blick auf die Karte Bagdads im Jahr

2002 wirft, wird man feststellen, dass die Stadt gemischt war. Sunniten und Schiiten lebten in denselben Nachbarschaften und heirateten untereinander. Oftmals wussten viele Iraker nicht einmal, wer ein Schiit war und wer ein Sunnit. Es war so, als ob man wüsste, dass einige im Freundeskreis Protestanten waren und andere wiederum nicht. Es gab Unterschiede, aber keine Feindschaften. Beide Seiten meinten sogar, dass es niemals sunnitisch-schiitische Konflikte geben würde, da man im alltäglichen Leben zu sehr miteinander vermischt sei.

Doch im Jahr 2006 war das Land sowie die gesamte Region von einem sektiererischen Krieg dominiert. Sunniten, Schiiten und die Kurden als nicht arabische Ethnie waren separiert und fielen übereinander her. Die natürliche Dynamik solcher Konflikte hat oftmals deutlich gemacht, dass die extremsten Elemente die Überhand gewinnen. Ihre Wurzeln sind in diesem Fall in Saudi-Arabien, einem wichtigen Verbündeten der USA, der gleichzeitig auch der extremste radikal-islamische Staat der Welt ist. Saudi-Arabien lässt Iran wie einen toleranten, modernen Staat aussehen. Der Staat wird nicht nur von einer extremen Version des Islams, seiner salafistisch-wahhabitischen Ausrichtung, regiert, sondern ist auch davon überzeugt, eine missionarische Aufgabe zu haben. Dank seiner massiven Ölreserven fiel es den Saudis nicht schwer, ihre Doktrin zu verbreiten und ihr Gedankengut von Pakistan bis nach Nordafrika in Umlauf zu bringen.

Ideologisch kommt der IS genau aus dieser Ecke, und er wird auch von den Saudis unterstützt. Damit meine ich nicht die saudische Regierung, sondern reiche Geschäftsmänner aus der Region. Sie stellen ihr Geld und ihre ideologische Unterstützung für all diese Gruppierungen zur Verfügung. Aus politischer Sicht ist der IS allerdings ein Resultat der US-amerikanischen Politik, die den Irak zerstörte und die jeweiligen Umstände schuf. Man kann gewiss davon ausgehen, dass die Gruppierung noch extremistischer wird, wenn der Konflikt fortgeführt wird. Selbst wenn die USA den IS vollständig auslöschen, wird etwas in Erscheinung treten, was noch extremistischer sein wird.

Feroz: Die Kriege der USA sind auch stets ein Kampf um Deutungshoheit. Manche würden es Propaganda nennen. Viele politische Ansprachen in den USA enden etwa mit »Möge Gott euch und Amerika segnen«. Inwiefern formen die rhetorischen Tricks der Mächtigen unsere Sicht auf das Weltgeschehen?

Chomsky: Dieser propagandistische Trommelwirbel will vor allem eines aussagen: Wir sind die Guten, und sie sind die Bösen. Aus diesem Grund findet stets eine Selbstbeweihräucherung statt, während andere verteufelt werden – und natürlich hat dies Auswirkungen auf die Wahrnehmung der Welt. Hierfür gibt es viele Beispiele, aber um ein geläufigeres zu nennen: Im August 2016 veröffentlichte Samantha Power einen Artikel im *New York Review of Books*. Ohne jegliche Qualifikation, die von Relevanz sein könnte, wiederholt die Autorin die vermeintlich weise Sichtweise Henry Kissingers zu »Amerikas tragischer Schwachstelle«, nämlich, dass »unsere Prinzipien universale Prinzipien sind« und dass »wir stets versuchen, Menschenrechte außerhalb der Grenzen unserer Nation zu verbreiten«. Demnach hat sich »keine Nation jemals jene Moral aufgebürdet, wie Amerika es tut«. Laut Power hat kein Land der Welt sich in moralischer Hinsicht so anständig verhalten wie die Vereinigten Staaten – trotz gewisser politischer Realitäten. Für jede Person, die mit der jüngeren Geschichte im Ansatz vertraut ist, sind derart alberne Gedankengänge einfach nur zum Schämen oder – um es besser auszudrücken – ein Horror. Hinzu kommt, dass es sich bei dem betreffenden Medium nicht um irgendeinen Radiosender handelt, sondern um ein führendes Magazin von linksliberalen Intellektuellen. Menschen, die mit derart patriotischem Quatsch überquellen, gibt es in allen politischen Spektren. Die Ansichten, die sie über sich und die Welt haben, sind eine große Gefahr für die Menschheit.

Feroz: Mehrere europäische Staaten debattieren über das Verbot von Kopftüchern, Ganzkörperschleiern und Burkinis. In einigen Ländern gibt es bereits solche Verbote. Die Debatte wird vor allem von rechtspopulistischen, islamophoben Parteien geführt. Ein Beispiel hierfür ist Frankreich, welches eine sehr strenge Gesetzgebung in Bezug auf Säkularismus und religiöse Symbole verfolgt. Sind derartige Gesetze progressiv oder eher nicht?

Chomsky: Ich bin der Meinung, dass es keine Gesetze geben sollte, die Frauen dazu zwingen, ihren Schleier abzulegen oder ihnen vorschreiben, was sie beim Schwimmen zu tragen haben. Zu einer konsequent säkularen Gesellschaft gehört eben auch der Respekt vor individuellen Entscheidungen, solange diese anderen Menschen nicht schaden. Säkulare Werte werden untergraben, wenn staatliche Gewalt in jene Bereiche eingreift, die der persönlichen Entscheidung zufallen. Wenn chassidische Juden sich dazu entscheiden, schwarze Mäntel, weiße Shirts und schwarze Hüte zu tragen, und Frisuren im orthodox-religiösen Stil pflegen, dann ist das nicht die Sache des Staates. Dasselbe gilt für muslimische Frauen, die ein Kopftuch anziehen oder beim Schwimmen einen Burkini tragen.

Feroz: In den USA und anderswo hat in den letzten Jahren eine neue Bewegung immer wieder für Aufsehen gesorgt: Die »Neuen Atheisten«. Seit den Anschlägen des 11. Septembers sind sie immer auffallender geworden, teils auch mit einer explizit islamfeindlichen Rhetorik, die mit der Politik Washingtons konform ist. Was hat es mit dieser Bewegung auf sich und welche Menschen hat sie in den letzten Jahren angesprochen?

Chomsky: Oftmals scheint nicht wirklich klar zu sein, wer oder was das Ziel dieser Bewegung ist. Natürlich gibt es verschiedene Agenden, die sich stetig verändern. Im Prinzip sind Initiativen zu begrüßen, die Menschen ermutigen, irrationale und potenziell gefährliche Sichtweisen zu hinterfragen. Das kann positive Veränderungen mit sich bringen, muss aber stets kritisch begleitet werden, um nicht ins Gegenteil umzuschlagen. Ein Beispiel hierfür ist George W. Bush, der einen fundamentalistischen, christlichen Glauben heraufbeschwor, um die Invasion des Iraks zu rechtfertigen. Ist jemand wie Bush ein Ziel, das Bewegungen wie die »Neuen Atheisten« ansprechen wollen? Geht es auch um die religiöse Auslegung von evangelikalen Christen? Und wie sieht es mit den prominenten Rabbis in Israel aus, die regelmäßig die totale Zerstörung der Palästinenser als »göttliche Strafe« heraufbeschwören? Dasselbe fragt man sich bezüglich islamischer Fundamentalisten in Saudi-Arabien, die seit Jahren zu den engsten Verbündeten Washingtons im

Nahen Osten gehören, während sie zeitgleich die »Wahhabisierung« des sunnitischen Islams vorantrieben. Wenn Gruppen wie die genannten zum Zielpublikum der »Neuen Atheisten« gehören, dann muss man schon sagen, dass die Bewegung nicht sonderlich erfolgreich ist. Will man Menschen ansprechen, die keinen speziellen Glauben haben und manchmal an religiösen Zeremonien und Feierlichkeiten teilnehmen? Diese Menschen suchen in erster Linie eine Gemeinschaft, in der es um Teilhabe und Solidarität geht. Sie wollen in der Tradition zusammenkommen und soziale Bindungen in einer Welt aufbauen, in der derartige Dinge immer unwichtiger erscheinen. Was ist mit der trauernden Mutter, die um ihr totes Kind trauert und hofft, ihm im Himmel wiederzubegegnen? Niemand würde sie mit pathetischen Belehrungen belästigen. Die »Neuen Atheisten« haben gewiss ein Zielpublikum, doch die Zusammenstellung dieses Publikums wirft Fragen auf. Außerdem gibt es noch andere Akteure, die diese Bewegung ansprechen sollte, nämlich die aggressive, säkulare Religion der Anbetung des Staates, die oftmals mit noblen Intentionen und einer außergewöhnlichen Rhetorik gerechtfertigt wird. Dieser »Glaube« ist zu einer Quelle von derart immensen Verbrechen mutiert, dass es einem die Sprache verschlägt.

5 Optimismus in der Dystopie

Wer Chomsky zuhört und liest, könnte denken, die Welt sei dem Untergang geweiht. Wir leben in einem Zeitalter, das immer mehr einer Dystopie gleicht, in welcher Krieg und Terror in manchen Teilen der Welt zum alltäglichen Schrecken geworden sind, während sie anderswo nur als Hintergrundrauschen der medialen Dauerbeschallung wahrgenommen werden. Mit dem Beginn des nuklearen Zeitalters hat die Menschheit die Kapazitäten entwickelt, sich selbst und alles Leben auf der Erde auszulöschen. Dem Abgrund, der totalen Zerstörung unseres Planeten, sind wir heute so nahe wie nie zuvor. Der Katastrophe des Klimawandels rasen wir in stinkenden SUVs und Billigfliegern sehenden Auges entgegen und beschleunigen dabei sogar noch unsere Geschwindigkeit. Es ist nur eine Frage der Zeit, bis die nächste Eskalationsstufe erreicht sein wird. Wer wird dann noch garantieren, dass im Kampf um Ressourcen und militärische Vorherrschaft die USA ihr Atomwaffenarsenal wirklich nur als Drohszenario und nicht zur »Ultima Ratio« einsetzen? Ganz sicher nicht ihr derzeitiger Präsident, der via Twitter verkündet, dass der Klimawandel ein Märchen sei, anderen Staatschefs mit Krieg droht und Geflüchtete entmenschlicht. Doch die Person Trump ist nicht das eigentliche Problem. Es ist das System, das den Aufstieg einer solchen Person ermöglicht hat. Es ist die Idiokratie, in der wir tagein und tagaus leben.

Doch so schlimm es auch steht, dürfen wir hoffen und optimistisch bleiben. Noam Chomsky ist – und das mag viele überraschen – einer dieser Optimisten. In seiner neuen Heimat Tucson, Arizona, lebt und lehrt er diesen Optimismus. Die Universitätsstadt ist geprägt von verschiedenen Völkern und Kulturen. Der Name der Stadt hat seine Wurzeln in der Sprache der Tohono-O'Odham-Indianer, und man findet auf ihren Straßen so ziemlich alles und jeden, was man sich vorstellen kann. In der mit Kakteen bewachsenen Wüstenstadt gibt es Moscheen, Synagogen und Kirchen inmitten von Indianerkultur und einem Hauch von Wildem Westen. Aufgrund der Nähe zur südlichen Grenze ist Spanisch ebenso präsent wie Englisch. Nicht wenige Einwohner Tucsons haben Freunde und Verwandte auf der »anderen Seite«. Doch mit dem Beginn der Trump-Ära wurde entlang der Grenze ein trauriger und brutaler Höhepunkt erreicht. Geflüchtete aus Süd- und Zentralamerika gelten für die US-Behörden als »Unmenschen«, um es mit George Orwell auszudrücken. Man will sie nicht nur mittels einer Mauer und schmutzigen Deals mit der mexikanischen Regierung fernhalten, sondern jagt diese Menschen bewusst meilenweit die Grenze entlang und oft sogar bis in den Tod. Genau das und nichts anderes ist die Aufgabe amerikanischer Grenzwächter, die Geflüchtete davon abhalten, das »gelobte Land« im Norden zu erreichen: Menschen in den Tod zu schicken. Dies beschreibt etwa Francisco Cantú, ein ehemaliger Grenzwächter, in seinem Buch *No Man's Land: Leben an der mexikanischen Grenze*, das in diesem Jahr veröffentlicht wurde. Er und seine einstigen Kollegen hätten regelmäßig Geflüchtete, die sie in der Wüste antrafen, in den sicheren Tod geschickt, etwa indem sie ihnen einfach die falsche Richtung zeigten und behaupteten, dass dies der Weg in die nächste Stadt sei. Die Grenzwächter sind auch bekannt dafür, gezielt nach Lebensmittel- und Wasserdepots, die von Aktivisten angelegt wurden, zu suchen und diese zu zerstören. Im Auftrag der US-Regierung kämpften Cantú und seine Kollegen gegen das Überleben auf der Flucht. Sie waren auf der Seite des Todes – und agierten im Grunde genommen wie kaltblütige Mörder. Doch während Cantú den Schrecken hinter sich gelassen hat, hat sich die Realität entlang der Grenze kaum verändert.

In Tucson wollen sich viele Menschen damit nicht abfinden und nehmen das Schicksal selbst in die Hand. Regelmäßig ziehen Aktivisten in die Wüste, schlagen Zelte auf und verstecken dort Wasserrationen für jene, die womöglich am nächsten Tag zufällig vorbeikommen und kurz vor dem Kollaps stehen. Debra May gehört zu jenen Tucsonans – wie sich die Einwohner der Stadt selber nennen –, die derartige Kampagnen unterstützen. »Wir können doch nicht zusehen, wie Menschen an der Grenze regelrecht ermordet werden. Unsere Regierung ist hierfür maßgeblich mitverantwortlich, und das ist eine absolute Schande. Ich schäme mich, doch ich weiß auch, dass viele Menschen in meiner Stadt sich dagegen mit allen Mitteln wehren«, sagt sie. May, von Beruf Glasbläserin, lebt seit Jahrzehnten in Tucson. Dass Donald Trump im Weißen Haus sitzt, gefällt ihr ganz und gar nicht: »Ich bin der klassische Bernie-Fan«, sagt sie stolz. Umso glücklicher ist die ältere Dame, dass Chomsky in ihrer Stadt lebt und lehrt. Und auch in dieser

Rolle wird der Philosoph und Linguist seiner Rolle als »public intellectual« gerecht. Er bietet nämlich nicht nur Veranstaltungen für Studenten an, sondern auch für alle anderen, die Interesse haben. »Dieser Mann hat es sich zur Aufgabe gemacht, die Öffentlichkeit aufzuklären. Er widmet sich dieser Aufgabe voll und ganz. Wir wissen das und schätzen ihn sehr«, so May.

Tatsächlich ist es so, dass jener Mut zur Tat, den Chomsky immer wieder einfordert, in Tucson vorzufinden ist. Dies geschieht nicht nur an der tödlichen Grenze zu Mexiko, sondern auch anderswo. »Wir haben verschiedene Programme, mit denen wir Geflüchtete integrieren wollen. Oftmals geht es am Anfang um sehr grundlegende Dinge, sprich, wir suchen für sie und ihre Familien eine Arbeitsstelle und eine Unterkunft«, meint die Aktivistin Nejra Sumic, die sowohl in Tucson als auch in der benachbarten Großstadt Phoenix aktiv ist. Laut Sumic versuchen mehrere Organisationen im ganzen Land, den US-Kongress dazu zu bewegen, mehr Geflüchtete aufzunehmen. Das sollte eigentlich selbstverständlich sein, wenn man bedenkt, dass viele Konflikte, vor denen Menschen gegenwärtig fliehen, von den Vereinigten Staaten geschürt worden sind. Nejra Sumic hat selbst einen Fluchthintergrund. Ihre Familie floh in den 1990er-Jahren aus Bosnien, als dort der Jugoslawienkrieg tobte. Ihre lange Flucht endete letztendlich in Arizona. Da sie zwischenzeitlich mehrere Jahre in Spanien verbrachte, hatte sie auch keine Probleme, sich zu verständigen: »Hier ist Spanisch sehr verbreitet. Wir konnten uns deshalb sehr gut verständigen, bevor wir überhaupt richtig Englisch lernten«, sagt Nejra, die heute unter anderem mit Afghanen, Syrern, Somaliern zusammenarbeitet. In Tucson wird deutlich, dass das Land viele Facetten hat und wir in den europäischen Medien nur einen kleinen Ausschnitt präsentiert bekommen. Auch wir haben Zerrbilder vom Land der unbegrenzten Möglichkeiten im Kopf, die den vielen Menschen nicht gerecht werden, die sich hier kreativ und engagiert für eine bessere Welt einsetzen.

Feroz: Herr Professor Chomsky, Sie haben die sogenannten Migrations- beziehungsweise Geflüchtetenkrise bereits erwähnt. Zurzeit macht die Geflüchtetenpolitik der USA weltweit Schlagzeilen. Die Behörden trennen Eltern von ihren Kindern, an der südlichen Grenze geschehen fürchterliche Dinge. Zum Glück gibt es hier in Tucson, das nahe der Grenze liegt, sehr viele Aktivisten, die helfen wollen und Geflüchtete retten.

Chomsky: Ich würde nicht sagen, dass man von »sehr vielen« Aktivisten sprechen kann, dennoch ist ihre Arbeit sehr wichtig. Das ist ein interessanter Aspekt, hier im Süden Arizonas. Die allgemeine Politik ist sehr rechts gerichtet, doch in Tucson und einigen anderen Orten gibt es einige Hilfsorganisationen, die stark von der Öffentlichkeit unterstützt werden. Diese Menschen sind sehr couragiert. Sie errichten Camps in der Wüste, wo sie versuchen, den Geflüchteten zu helfen. Es gibt dort Notversorgung, Schlafplätze und andere grundlegende Dinge. Man versucht, jenen Menschen zu helfen, die es geschafft haben, die Grenze zu überqueren und den Grenzpolizisten zu entkommen. Diese Helfer gehen in die Wüste, die bekannterweise sehr tödlich ist, und verstecken dort Lebensmittel- und Wasserrationen für Geflüchtete, die zufällig vorbeikommen könnten. Das ist sehr riskant. Manchmal werden sie auch verhaftet. Oftmals tauchen die Grenzpolizisten auf und zerstören alle Hilfsmittel. Doch die Helfer geben weiterhin ihr Bestes.

Aus meiner Zeit in Boston kenne ich Menschen, die in Tucson gerettet worden sind. Es waren ebenjene Aktivisten, die ihnen das Leben retteten und die Weiterreise ermöglichten. Ursprünglich kamen sie aus Guatemala, wo in den frühen 1980er-Jahren aufgrund der Politik Ronald Reagans ein Genozid stattfand. Menschen fliehen weiterhin vor den Auswirkungen solcher Desaster.

Feroz: Ich habe hier in Tucson Menschen getroffen, die ihr Leben riskieren, um anderen zu helfen. Dürfen wir hoffen, dass sich die Zeiten zum Besseren ändern?

Chomsky: Ich denke, dass das ein Zeichen der Hoffnung ist, ja. Aber die Zeiten sind ziemlich düster, das steht außer Frage. Andererseits bemerkt man eine außerordentliche Veränderung, wenn man in die letzten 50 Jahre zurückblickt. Wie bereits erwähnt, ist dies bezüglich der Anerkennung der Rechte von indigenen Völkern sehr stark der Fall gewesen. Wir haben große Veränderungen erlebt. Vergessen Sie nicht, was in den USA in den 1960er-Jahren los war. Wir hatten damals noch rassistische Gesetze, die eine Heirat zwischen weißen Menschen und »Personen, die einen Tropfen fremdes Blut« hatten, verbaten.

Als die Nazis sich damals nach Vorbildern für ihre rassistischen Gesetze umsahen, fiel ihnen die US-amerikanische Gesetzgebung auf. Sie entschieden sich, dieses Modell zu benutzen, aber sie konnten nicht alles übernehmen, da vieles zu extrem war. Ja, sie waren zu extrem für die Nazis. Ein Tropfen fremdes Blut war in den USA bereits zu viel. Wenn man jemals einen Ururgroßvater hatte, der nicht weiß war, dann galt man schon als Schwarzer. Das war selbst den Nazis zu viel. Solche

Gesetze existierten bis in die 1960er-Jahre. Es geht hier also nicht um antike Geschichte, die schon längst vergangen ist.

Ähnlich verhielt es sich auch in Großbritannien. Einer der größten Mathematiker des 20. Jahrhunderts, Alan Turing, der auch als Erfinder der modernen Computertechnologie gilt und aufgrund seiner Rolle als Codebrecher und Kryptoanalytiker im Krieg als Held betrachtet wird, wurde von seiner eigenen Regierung umgebracht – aufgrund seiner Homosexualität. Er wurde zu einer Behandlung gegen die »Krankheit« gezwungen, die ihn zerstörte. Am Ende beging er Selbstmord. So sah die Welt vor nicht allzu langer Zeit aus.

Deshalb sollte man stets beachten: Ja, die Zeiten sind unschön, aber es gibt auch Zeichen von Hoffnung. Man muss daran denken, wie die Dinge gewesen sind und was in den letzten Jahren erreicht wurde. All dies geschah nicht einfach so, es war kein Geschenk des Himmels. Es geschah dank ernstem, hingebungsvollem Aktivismus, hauptsächlich durch junge Menschen. Dies macht deutlich, was erreicht werden kann, und heute ist es einfacher als früher. Denn durch das, was in der Vergangenheit erreicht wurde, kann man heute mit einem guten Fundament, einer Hinterlassenschaft, starten. Man muss heute nicht streiten, um über grundlegende Frauenrechte oder die Rechte von indigenen Völkern und anderen Minderheiten zu reden. Selbiges gilt für die sogenannte Rassenmischung. Die widerlichen Debatten, die damals stattfanden, stehen heutzutage selbstverständlich außer Frage. Ähnlich verhält es sich mit anderen Themen, etwa dem öffentlichen Wohnungsbau. Früher war dieser nämlich offiziell rassengetrennt, was sogar auf den New Deal zurückgeht, der von der liberalsten US-Regierung des 20. Jahrhundert ins Leben gerufen wurde. Es gab

Gemeinschaften, die »white only«, also nur für weiße Familien, waren. So etwas gab es bis in die 1960er-Jahre. Die Zustände heute sind schrecklich, aber so schlimm sind sie nicht mehr. Man kann gewisse Sachen erreichen, wenn man sich für sie einsetzt.

Feroz: Denken Sie, dass einzelne Akte des Ungehorsams große Auswirkungen auf die Gesellschaft haben könnten?

Chomsky: Ein Beispiel hierfür fand vor Kurzem statt und machte deutlich, was man mit derartigen Aktionen erreichen kann. Eine junge Frau – die schwedische Aktivistin Elin Ersson – stand in einem Flugzeug allein auf, um den möglichen Tod eines Menschen zu verhindern. Es handelte sich dabei um einen afghanischen Geflüchteten, der abgeschoben werden sollte. Groß angelegter ziviler Ungehorsam könnte sehr viel mehr erreichen. In diesem Kontext appelliere ich allerdings immer wieder dafür, auf den Gesamtzusammenhang zu achten. Wir müssen stets daran denken, warum Menschen aus ihrer Heimat fliehen. Sie fliehen nicht, weil sie in den Armenvierteln von New York leben wollen. Sie fliehen, weil man in ihrer Heimat nicht mehr leben kann. Man kann dort nicht leben aufgrund der Dinge, die wir getan haben. In weiten Teilen ist genau dies der Grund. Dieser Umstand macht auch deutlich, was die Lösung für die Krise ist, nämlich das wieder aufzubauen, was wir zerstört haben. Wir müssen die Gräueltaten, die wir verübt haben, wiedergutmachen. Dann werden auch weniger Menschen gezwungen sein zu fliehen. Jenen, die hier um Asyl bitten, sollten wir in einer humanen und zivilisierten Art und Weise entgegenkommen. Vielleicht werden wir nie das Niveau der Zivilisierung jener armen Länder erreichen, die die meisten Geflüchteten aufnehmen. Aber es sollte und darf nicht völlig außer Reichweite sein.

Feroz: Sie sagen oft, dass viele Menschen vor dem Klimawandel fliehen. Wie können wir sofort und realistisch etwas dagegen unternehmen?

Chomsky: Die Benutzung fossiler Brennstoffe muss zügig beendet werden, während die Verwendung erneuerbarer Energien massiv erhöht werden muss. Ähnlich verhält es sich mit der Erforschung von erneuerbarer Energie. Die Erhaltung der Natur muss als wichtigste Aufgabe erachtet werden. Außerdem muss eine weitreichende Kritik am kapitalistischen Modell der Ausbeutung von Menschen und Ressourcen erfolgen. Es ist nämlich dieses Modell, das unserer Spezies den Todesstoß geben könnte.

Feroz: Ein Schritt in diese Richtung würde eine grundlegende Veränderung des Lebensstils vieler Menschen bedeuten, auch des »American Way of Life«. Darüber hinaus ist die Geschichte der Menschheit von Zerstörung und Blutvergießen geprägt. Ohne Zweifel gibt es also auch eine aggressive und gewalttätige Seite des Menschen, die wir überwinden müssen. Wie stehen Sie zu dieser dunklen Seite der menschlichen Natur?

Chomsky: Seitdem Gewalt und Unterdrückung existieren, gibt es Reflexionen über die Natur des Menschen. Was Sie beschrieben haben, ist nicht falsch. Doch der Mensch ist auch ein Wesen, das Mitgefühl, Güte, und Solidarität zeigt. Er kümmert sich auch um seine Mitmenschen – und einige wichtige Persönlichkeiten wie Adam Smith waren sich dessen bewusst und meinten, dass diese die grundlegenden, wichtigen Eigenschaften des Menschen wären. Die Herausforderung für die soziale Politik ist es, einen Weg zu finden, diese Eigenschaften in institutionellen und kulturellen Strukturen auszuleben. Demnach müssen wir unsere milde, gutmütige Seite vorziehen, während wir die rauen und zerstörerischen Aspekte unserer Natur unterdrücken.

Feroz: In Bangladesch werden in naher Zukunft Millionen von Menschen zu Klimaflüchtlingen. Dies hat vor allem mit dem steigenden Meeresspiegel sowie mit den immer extremer werdenden Wetterbedingungen zu tun. Atiq Rahman, ein Klimaforscher aus Bangladesch, meint diesbezüglich, dass diese Menschen das Recht haben sollten, in all jene Staaten zu ziehen, in denen die Treibhausgase produziert werden. Millionen sollten demnach auch in die USA einreisen dürfen. Ich nehme an, auch Sie sind der Meinung, dass er damit recht hat?

Chomsky: Rehmans Kommentare stammen aus einem Text in der *New York Times*. Sie waren irgendwo in der Zeitung vergraben. Eigentlich hätten sie die Schlagzeile sein sollen, denn seine Worte illustrieren die sogenannte Migrationskrise sehr gut. Es war Papst Franziskus, der das Ganze auf den Punkt brachte, als er meinte, dass die Migranten nicht die Ursache der Krise sind, sondern deren Opfer. Warum betrachten wir es überhaupt als Krise, wenn zum Beispiel 8 000 Opfer von Krieg und Zerstörung in Österreich ankommen, einem reichen und mächtigen

Land mit acht Millionen Einwohnern? Andere Staaten, die weitaus weniger wohlhabend sind, nehmen viel mehr Geflüchtete auf. Im Libanon sind vierzig Prozent der Bevölkerung Geflüchtete, die von einem Verbrechen zum nächsten geflohen sind, etwa vor jenen, die kürzlich im Irak und in Syrien stattgefunden haben und dort weiterhin zum Alltag gehören. Einige der Geflüchteten sind Palästinenser, die im Jahr 1948 verjagt wurden, als der Staat Israel entstand. Wir sprechen hier vom Libanon, einem armen Land, welches selbst keine Geflüchteten produziert hat. Ähnlich verhält es sich auch mit Jordanien, was eine große Anzahl von Geflüchteten aufgenommen hat. Selbst Syrien nahm viele Geflüchtete auf, bevor das Land zerstört wurde.

Doch reiche Staaten, die nicht nur die Kapazitäten haben, Geflüchtete aufzunehmen, sondern auch eine maßgebliche Verantwortung für die Situation in den Ursprungsländern tragen, wollen ebenjene Menschen nicht aufnehmen. Es gibt nur einen Staat in Europa, der tatsächliche Bereitschaft zeigte und richtig reagierte, nämlich Angela Merkels Deutschland, das rund eine Million Geflüchtete aufnahm.

Abgesehen davon sollte man sich fragen, was Europa und die Vereinigten Staaten eigentlich tun. Sie sind damit beschäftigt, andere Länder zu bestechen, damit diese die Geflüchteten fernhalten. Europa tut das, indem es einen Deal mit der Türkei eingegangen ist, damit diese Menschen, die aus Syrien, Irak oder Afghanistan fliehen, aufnimmt. Wir sprechen hier von mehreren Millionen Menschen. Erdogan ist gewiss nicht meine Lieblingsperson, doch wenn er über die Heuchelei Europas spricht, dann fällt es wirklich schwer, etwas dagegen zu sagen.

Die USA machen genau dasselbe. Wenn Menschen aus dem Norden Zentralamerikas fliehen, etwa aus jenen drei Staaten, die von der Reagan-Administration zerstört wurden – El Salvador, Guatemala und Honduras –, dann wird von Mexiko erwartet, diese Menschen daran zu hindern, die Grenzen zu überqueren. Zum gleichen Zeitpunkt ist es interessant zu sehen, dass es einen Staat in der Region gibt, aus dem niemand flieht: Nicaragua. Warum ist das so? Weil das eben der einzige Staat ist, der von der US-amerikanischen Regierung nicht zerstört wurde. Die USA hat keinen Terror in Nicaragua verbreitet, man griff die Regierung nicht an. Doch in den drei anderen Staaten stellten terroristische Kräfte, die von den USA unterstützt wurden, die Regierung dar. Ich kann mich daran erinnern, wie ich Mitte der 1980er-Jahre in Managua war, gemeinsam mit César Jérez, dem Rektor des Jesuitenkollegs. Die Jesuiten sind eine führende Kirche in Zentralamerika. Jérez musste aus Guatemala und El Salvador fliehen und fand Zuflucht in Nicaragua. Wir spazierten an einem Abend die Straße entlang und wurden von einem Polizisten angehalten. Jérez meinte daraufhin zu mir, dass Nicaragua der einzige Staat in der Region sei, in dem man sich nicht vor der Polizei fürchten müsse.

Doch um auf den Klimawandel zurückzukommen: Millionen von Menschen werden aus Bangladesch fliehen. Doch wohin werden sie hingehen? Das ist nur der Anfang der Geschichte, wenn es um Klimaflüchtlinge geht. Die Gletscher des Himalayas schmelzen, das ist die Wasserversorgung Indiens und Pakistans. Berichten zufolge leben in Indien bereits 75 Million Menschen, die keinen Zugang zu sauberem Trinkwasser haben. Was passiert, wenn diese Zahlen steigen? Ein denkbares Szenario ist, dass ein weiterer Konflikt zwischen Indien und Pakistan entsteht – in diesem Fall wird es allerdings um Wasser gehen. Wie bereits erwähnt, gibt es Atomwaffen. Es herrscht bereits eine Art Krieg zwischen den beiden Staaten. Nun stelle man sich vor, ein Krieg um Wasser bricht aus. Das kann schnell in einen Atomkrieg umschlagen, und dann wird das eintreten, wovor Wissenschaftler bereits seit Jahrzehnten warnen: ein nuklearer Winter und eine globale Hungersnot. In solch einem Fall können wir sagen: Das war es dann für uns. Das ist der Punkt, an dem die beiden großen Bedrohungen der Menschheit zusammenlaufen. Doch in den Zeitungen wird kaum ein Wort darüber verloren. Es gibt lediglich hier und da einige verstreute Kommentare. Dabei passiert all das direkt vor unseren Augen. Die Aufmerksamkeit liegt allerdings eher auf den Tweets von Trump.

Feroz: Viele Menschen, die Geflüchteten helfen, werden in diesen Tagen kriminalisiert. In Europa ist die Lage ähnlich wie bei den Helfern in der Grenzregion zu Mexiko. Menschen mieten Schiffe und fahren aufs Mittelmeer, um dort Menschenleben zu retten. Nicht nur werden sie aktiv an ihrer Arbeit gehindert, sie müssen auch fürchten, vor Gericht für ihre Hilfe verurteilt zu werden. Wie lässt sich das beurteilen?

Chomsky: Ich bin sehr kritisch gegenüber den Vereinigten Staaten. Doch Europa ist um einiges schlimmer, ja viel schlimmer. Dies gilt auch für Merkel-Deutschland, das als liberal betrachtet wird. Es ist einfach viel schlimmer als hier. Ein Beispiel hierfür ist die Reaktion Europas gegenüber Menschen, die aus Afrika fliehen. Wie bereits erwähnt, hat Europa eine gewisse Vergangenheit in Afrika. Europa hat Afrika zerstört und ausgeplündert. Es gab den Sklavenhandel, europäische Invasionen, sehr viel Gewalt und all diese Dinge. Auch das liegt nicht so lange zurück. Es reicht bis in die Gegenwart. Sie haben ein Mobiltelefon. Woher kommen die Mineralien, die man hierfür benötigt? Sie stammen aus Ostkongo. Wie bekommt man sie? Mit Hilfe brutaler Milizen, die in den letzten Jahren um die fünf Millionen Menschen getötet haben. Diese Milizen arbeiten mit multinationalen Großkonzernen zusammen und besorgen für sie jene Rohstoffe, die wir etwa für iPhones benötigen. Das passiert heute. All das ist schrecklich, und nun fliehen Menschen aus dem verwüsteten Afrika nach Europa, doch was tun die Europäer? Wir wissen, was sie tun, und das ist einfach ein monströses Verbrechen. Ich finde kaum Worte, die das beschreiben könnten. Ich denke, dass Europa in vielerlei Hinsicht rassistischer ist als die USA.

Feroz: Wie bewerten Sie speziell die Rolle der Medien in diesem Kontext?

Chomsky: Viele Medien unterstützen die Kriminalisierung von Helfern. Sinngemäß heißt es: »Schaut, diese Menschen verstoßen gegen das Gesetz. Sie sollten dafür bestraft werden!« Was soll man dazu sagen? Ich benutze nur sehr ungern Nazi-Analogien, doch in diesem Fall muss ich einfach an sie denken. Damals wurden zum Beispiel Polen, die Juden vor den Konzentrationslagern retteten, ebenfalls kriminalisiert und getötet. Auf moralischer Ebene ist das, was heute geschieht, fast dasselbe.

Feroz: In Deutschland und anderen europäischen Staaten werden viele führende Medien für den Siegeszug rechter Parteien und den Anstieg der rassistischen Stimmung innerhalb der Gesellschaft verantwortlich gemacht. Was denken Sie darüber? Verfolgen Sie deutsche Medien?

Chomsky: Ich verfolge sie zum Teil, allerdings nicht so ausgiebig wie die US-amerikanischen Medien. Es gibt einige interessante Dinge, die mit dem Aufstieg der Rechten und der Rolle von Medien zusammenhängen. Ich weiß nicht, ob das in Deutschland bereits bekannt ist. Falls nicht, sollte man das dringend ändern. Ein Beispiel hierfür ist die letzte Bundestagswahl. Die AfD war sehr viel erfolgreicher, als viele es erwartet hätten. Warum war das so? Ein Grund hierfür ist, dass das Berliner Büro von Facebook mit einer Medienfirma aus Texas zusammengearbeitet hat.* Diese Firma, die unter anderem für Donald Trump, Marine Le Pen, Benjamin Netanjahu und einige andere »nette Herrschaften« tätig ist, beauftragte Facebook, eine detaillierte demografische Untersuchung der Menschen in Deutschland vorzunehmen. Immerhin hat Facebook Massen an Informationen über einzelne Personen. Sie wissen, was die Menschen machen, was deren Interessen sind oder mit wem sie befreundet sind. Diese Informationen wurden benutzt, um potenzielle Wähler mit Werbung und Anzeigen für die AfD anzuvisieren. Nun stellt sich die Frage, was für einen Effekt dies auf die Wahl hatte. Niemand hat das untersucht. Es besteht allerdings die Möglichkeit, dass die Auswirkungen davon sehr viel schlimmer gewesen sind als die Einmischung

* Gemeint ist hier die in Texas ansässige PR-Agentur Harris Media; einige deutsche Medien wie die *Süddeutsche Zeitung* berichteten darüber: https://www.sueddeutsche.de/politik/gezielte-grenzverletzungen-so-aggressiv-macht-die-afd-wahlkampf-auf-facebook-1.3664785

Russlands in die US-Wahlen, die hierzulande von den Medien massiv hochgeschaukelt werden. Ich denke nicht, dass das beschriebene Szenario in Deutschland große Schlagzeilen gemacht hat. Sie wissen es womöglich besser.

Feroz: Es wurde im Rahmen der Debatte um Fake-News darüber berichtet, allerdings nur am Rande. Die Lücke zwischen dem, was in den Medien berichtet wird, und dem, was tatsächlich passiert, ist auch in Deutschland enorm. Einen Mittelweg scheint es nicht zu geben, vieles ist reinste Propaganda. Glauben Sie noch an das, was in der Zeitung steht?

Chomsky: Das lässt sich nicht pauschal beantworten. Das Lesen der *New York Time*s ist das Erste, was ich jeden Morgen mache. Es gibt stets reichlich Fehler. Manchmal erschaudere ich über das, was ich darin lese. Doch die *New York Times* ist weiterhin die beste Zeitung der Welt. Sie hat die umfangreichste Berichterstattung und sehr gute Reporter, die oft sehr ehrlich und engagiert sind. Die Nachrichten sind allerdings immer so zusammengestellt, dass sie die Macht der herrschenden Doktrin reflektieren. Ein Beispiel hierfür ist die heutige Zeitung. Der Leitartikel behandelt Trumps Iran-Sanktionen. Darin steht, dass der Präsident diese Sanktionen durchsetzt, weil er der Meinung ist, dass dies der beste Weg sei, um Irans Waffenherstellung, interne Repressalien sowie Aktivitäten, die die Region zerreißen, zu verhindern. Das wird einfach so berichtet und als selbstverständlich betrachtet. Trump hat das gesagt, also müssen das wohl seine Intention und die Wahrheit sein. Doch wobei handelt es sich eigentlich um »Irans Waffenherstellung«? Können wir hierzu etwas Konkretes finden? Natürlich ist der

Iran ein repressiver Staat, doch im Vergleich zu jenen Staaten, die von den USA unterstützt werden – allen voran Saudi-Arabien, der Hauptverbündete in der Region –, erscheint der Iran wie ein freies Land. In derselben Zeitung gibt es dann auch einen Bericht über die Unterdrückung in Saudi-Arabien, die bei Weitem schlimmer ist als jene im Iran. Zerreißt der Iran die Region? Die UN beschreibt die gegenwärtige Krise im Jemen als die schlimmste, humanitäre Krise der Welt. Wer ist hierfür verantwortlich? Saudi-Arabien, die Vereinigten Arabischen Emirate, sprich unsere Hauptverbündeten, sowie die USA und de facto auch Großbritannien, das Waffen liefert. Die USA unterstützen die von Saudi-Arabien geführte Koalition im Jemen logistisch, es gibt Berater, Satellitenbilder und all diese Dinge. Diese Akteure haben das Land vollkommen zerstört. All das geschieht weiterhin, doch zum selben Zeitpunkt fokussiert sich die Berichterstattung auf Trumps Iran-Politik, die anscheinend gut sein soll, um die Region zu stabilisieren.

Die Konsumenten lesen den ersten Absatz eines solchen Artikels und denken womöglich, dass es tatsächlich so sein muss. Doch wenn sie genauer hinsehen, werden sie etwas anderes entdecken. Ironischerweise gibt es in der heutigen Ausgabe der *New York Times* auch einen Artikel über Zensur und wie schlimm diese Praxis ist. Es geht um irgendeinen autoritären Staat, in dem die *New York Times* zwar erscheint, allerdings oftmals mit vielen weißen Seiten, weil Passagen des Blattes zensiert werden. Solch eine Zensur ist natürlich schrecklich. Es gibt allerdings auch andere Formen der Zensur, zum Beispiel darüber zu entscheiden, worüber debattiert werden darf und worüber nicht, oder die Zusammenstellung einer medialen Debatte. Wenn man das sieht, erkennt man ein sehr ausgeklügeltes Propagandasystem, das hier zugange ist. Die Menschen, die Teil dieses Systems sind, bemerken in keiner Weise, dass sie es mit Propaganda zu tun haben. Wenn Sie eine Journalistenschule in den USA besuchen, wird ihnen Objektivität gelehrt. Sie müssen objektiv sein, nicht voreingenommen. Was ist Objektivität? Objektivität ist, wenn man akkurat und fair berichtet. In diesem Fall soll das allerdings nur unseren Umkreis in Washington, sprich das Weiße Haus, den Kongress und das Pentagon, betreffen. Man muss über ihre Sicht der Dinge genauestens berichten. Das wird dann als Objektivität bezeichnet. Alles andere wird als eine »Meinung«, als »voreingenommen« oder »sentimental« betrachtet. Diese Umstände machen die Medienberichterstattung aus. Das ist es, was hier vor sich geht. Natürlich gibt es auch viele Menschen, die für die Medien tätig sind und sich über diese Tatsachen bewusst sind.

Dies betrifft vor allem Korrespondenten. Einige von ihnen sind mittlerweile alte Freunde von mir. Sie wissen, dass sie das, was sie produzieren, in gewisser Weise umformen müssen, damit es mit der bestehenden Doktrin, der Deutungshoheit, konform ist. In vielen Fällen ist ihr Material aber weiterhin sehr enthüllend. Ein guter, sinnvoller Weg, Artikel in Medien wie der *New York Times* zu lesen, ist es, mit dem letzten Absatz zu beginnen. Besonders wenn es sich um lange Beiträge handelt, die auf der Titelseite beginnen und dann im Blatt fortgesetzt werden. Da stehen dann Sachen, die nicht für den Redakteur oder für die Macher der Schlagzeilen bestimmt sind, sondern speziell für den Leser. Die ersten Zwei lesen den Artikel nämlich gar nicht so ausführlich, dass sie bis zu jenem Teil gelangen.

Man kann und muss die Zensur in repressiven Staaten wie China kritisieren, wenn diese ganze Zeitungsseiten ausblenden oder das Internet blockieren. So etwas macht zu Recht wütend. Doch zum gleichen Zeitpunkt muss man auch kritisch mit jenen ausgeklügelten Propagandamodellen, die unsere Medienlandschaft dominieren, umgehen.

Feroz: In diesem Zusammenhang ist die Frage nach dem Bildungssystem natürlich ganz zentral. Sie waren jahrzehntelang Professor am MIT, nun arbeiten Sie im Alter von 89 Jahren an der Universität von Arizona. Man könnte sagen, dass Bildung Ihre Lebensaufgabe ist. Bildung trägt auch zur Demokratisierung bei. Doch wie erfolgreich geschieht das heute?

Chomsky: Die Antwort ist gewiss keine einfache. Der gegenwärtige Zustand des Bildungssystems hat sowohl positive als auch negative Elemente. Eine gebildete Öffentlichkeit ist für eine funktionierende Demokratie erforderlich. Der Weg dorthin kann manchmal fortgeschritten sein, manchmal wird er allerdings auch verhindert. Es ist eine wichtige Aufgabe, die Hebel der Bildung in die richtige Richtung zu bewegen. Dies gilt vor allem für die USA, was teils mit der einzigartigen Macht, die der Staat hat, zusammenhängt. Es hat auch mit den Unterschieden in anderen entwickelten Gesellschaften zu tun.

Es ist wichtig, darauf hinzuweisen, dass die USA bis zum Zweiten Weltkrieg als kulturell rückständig betrachtet wurden. Und das, obwohl das Land zu diesem Zeitpunkt bereits lange das reichste der Welt gewesen ist. Wer Mathematik oder fortgeschrittene Wissenschaften studieren, Künstler oder Schriftsteller werden wollte, ging oftmals nach Europa. Das änderte sich mit dem Zweiten Weltkrieg und hatte offensichtliche Gründe, doch auch nur für einen Teil der Bevölkerung. Diesen Umstand erkennt man heute sehr gut. Sobald es um den Klimawandel geht, der wichtigsten Frage in der Geschichte der Menschheit, meinen vierzig Prozent der Bevölkerung, dass das Ganze kein Problem sei, da Christus ohnehin in den nächsten Jahrzehnten zurückkehren werde. Das ist nur ein Symptom von vielen, das die vormodernen Eigenschaften der Kultur und Gesellschaft hierzulande deutlich macht.

Feroz: Wie viele andere Bereiche der Gesellschaft hat auch das Bildungssystem im Neoliberalismus schweren Schaden genommen. Der Glaube an den freien Markt und den Wettbewerb, Privatisierung und Profitstreben sind in die Schulen und Universitäten vorgedrungen. Welche Rolle sollte die Bildung in der Gesellschaft spielen, und wie kann sich das Bildungssystem seine Eigenständigkeit bewahren?

Chomsky: In den frühen Tagen des modernen Bildungssystems wurden immer wieder zwei Vergleiche bemüht. Bildung wurde entweder als ein sehr löchriges Gefäß, in das man Wasser gießen konnte, verstanden oder als ein (roter) Faden, der gelegt werden sollte. Das Verständnis, dass sich die Schüler in ihrer eigenen Art und Weise durchsetzen und ihre eigenen Kapazitäten entwickelten sollten, wurde schließlich von Wilhelm von Humboldt, dem Gründer des modernen Universitätssystems, verbreitet.

Die Arbeiten der Bildungsphilosophien John Dewey, Paulo Freire und anderer Befürworter einer progressiven und kritischen Pädagogik können meiner Meinung nach als Weiterentwicklungen des Humboldt'schen Konzepts betrachtet werden. Sie werden oftmals auch in Forschungskursen an Universitäten angewendet. Das ist essenziell für die fortgeschrittene Lehre und Forschung, vor allem in den Wissenschaften. Ein Physiker am MIT war bekannt dafür, seinen Studenten zu sagen, dass es nicht wichtig sei, welchen Stoff sie lernten, sondern dass es weitaus wichtiger sei, was sie entdecken würden.

Dieselben Ideen werden bereits im Kindergarten aufgegriffen. Sie machen in vielen anderen Bereichen des Bildungssystems Sinn, nicht nur in den Wissenschaften. Ich persönlich hatte bis zu meinem 13. Lebensjahr das Glück, eine experimentelle Schule nach dem Konzept Deweys besuchen zu dürfen. Das war eine sehr bereichernde Erfahrung und auch ein ziemlich großer Unterschied zur Highschool, die ich später besuchte. Diese orientierte sich nämlich eher an dem Modell des löchrigen Gefäßes. Leider ist das bis heute meistens der Fall. Die Alternativen sind jene Modelle, denen man nachgehen sollte, falls es Hoffnung geben sollte für eine wahrhaftig gebildete Bevölkerung.

Die neoliberalen Tendenzen sind unglücklicherweise eine Realität, und sie sind sehr schädlich. Ich denke, dass sie allgemein als Teil des neoliberalen Angriffs auf die Gesellschaft betrachtet werden sollten. Das Geschäftsmodell will vor allem eines: »Effizienz«. Dies bedeutet wiederum, dass eine »Flexibilität der Arbeit« aufgezwungen wird. Alan Greenspan pries das als »wachsende Unsicherheit der Arbeiter« und meinte, dass das gut für die Wirtschaft sei, bevor sie 2009 zugrunde ging. Dies hat unter anderem dazu geführt, dass auch an Universitäten längerfristige Verträge vermieden werden und man sich auf billige, leicht auszubeutende, zeitlich begrenzte Arbeit verlässt. Die Konsequenzen sind für die Arbeitskraft, für die Studenten und für die Forschung im Allgemeinen schädlich. De facto schadet das all den Zielen, die von der höheren Bildung eigentlich erreicht werden sollten. Davon profitiert vor allem der Sektor der konzentrierten Macht. Eliten wollen keine funktionierenden Demokratien. Sie wollen eine Gesellschaft, in der die Menschen verängstigt und eingeschüchtert sind. Ihre Hauptsorge soll das Bezahlen der nächsten Miete sein, politische Passivität ist erwünscht.

Wie die Jugend für den Gehorsam indoktriniert wird

Weltweit findet ein Angriff auf staatliche Bildungssysteme statt, und als Antwort darauf erleben wir Studentenproteste, vor Kurzem etwa in Großbritannien, Kanada, Chile, Taiwan und in anderen Ländern.

Kalifornien ist auch ein Teil des Schlachtfeldes. Die *Los Angeles Times* berichtete über ein weiteres Kapitel jener Kampagne, die das größte höhere Bildungssystem der Welt zerstört. Die Schlagzeile lautete wie folgt: »Die Behörde der Staatlichen Universität von Kalifornien plant, Einschreibungen an der Mehrzahl der Hochschulen zu stoppen.«

Ähnliche Szenarien finden landesweit statt. »In den meisten Staaten«, so die *New York Times*, »sind es nicht staatliche Fördermittel, sondern Studiengebühren, die den Großteil des Budgets decken.« Demnach »könnte die Ära einer erschwinglichen, vierjährigen Studienzeit an öffentlichen Universitäten, die vom Staat stark unterstützt werden, vorbei sein«.

An Community Colleges spielt sich Ähnliches ab – und die Defizite betreffen alle zwölf Jahrgänge. »Der Glaube daran, dass wir als Nation von höherer Bildung profitieren, hat sich verändert. Mittlerweile herrscht der Gedanke, dass jene Menschen, die die Bildung erhalten, in erster Linie von ihr profitieren und demnach auch dafür bezahlen sollen«, war das Resümee von Ronald G. Ehrenberg, einem Sachverwalter des staatlichen Universitätssystems in New York und Direktor des Cornell Higher Education Research Institute.

Eine Beschreibung, die meines Erachtens nach akkurater zu sein scheint, ist eine Studie des Economic Policy Institute (EPI). Sie trägt den Titel »Failure by Design«, und auch in diesem Fall erweist sich das Institut als eine wichtige Quelle von verlässlichen Informationen, wenn es um Wirtschaftsanalysen geht.

Die Studie verdeutlicht die Konsequenzen des Wirtschaftswandels, der eine Generation zuvor stattfand. Die heimische Produktion ging immer weiter zurück, während man sich auf die Produktionsverlagerung ins Ausland und auf Finanzgeschäfte konzentrierte. Diese Schritte wurden absichtlich eingeleitet, obwohl es stets Alternativen zu ihnen gab.

Eine Rechtfertigung, die für diese Absicht immer wieder genannt wurde, war der Glaube daran, dass Märkte zu effizienten Resultaten führen würden. Daran wird weiterhin geglaubt, obwohl die jüngste Blase zu jener Krise geführt hat, die weiterhin vorherrscht.

Ähnliche Gründe werden genannt, wenn es um die angeblichen Vorteile der radikalen Expansion von Finanzinstitutionen geht, die seit den 1970er-Jahren stattfindet. Martin Wolf, ein führender Wirtschaftskorrespondent der *Financial Times*, bot eine überzeugendere Beschreibung des Geschehens an. Er meinte, dass ein Finanzsektor, der außer Kontrolle ist, die Wirtschaft des modernen Markts von innen auffresse, ähnlich wie die Larve einer Spinnenwespe, die ihren Wirt von innen auffrisst.

Die Studie des EPI kommt zum Schluss, dass der »Failure of Design« mit der Klassenfrage zusammenhängt. Jene, die das System geschaffen haben, profitieren massiv davon. Dies wird deutlich, wenn man die Konzentration von Wohlstand im oberen Prozent in Betracht zieht, genauer den oberen 0,1 Prozent, während die absolute Mehrheit stagniert oder weiterhin zurückfällt.

Um es zusammenfassend auszudrücken: Wenn die »Herren der Menschheit« die Möglichkeit dazu haben, verfolgen sie ihre niederträchtige Maxime, sprich »alles für uns und nichts für die anderen Menschen«, wie es bereits Adam Smith vor langer Zeit beschrieb.

Das öffentliche Bildungssystem gehört zu den größten Errungenschaften der amerikanischen Gesellschaft. Diese

Errungenschaft hat viele verschiedene Dimensionen, und sie hatte vielerlei Beweggründe. Einer davon war, unabhängige Bauern auf ein Leben als bezahlte Arbeiter vorzubereiten. Ein solcher Zustand wurde von den damaligen Bauern als Sklaverei betrachtet.

Dieses aufzwingende Element blieb natürlich nicht unbemerkt. Ralph Waldo Emerson beobachtete einst, dass politische Führer nach Bildung schreien, weil sie befürchten, dass das Land mit Millionen von Wählern regelrecht befüllt werde, und diese müssten gebildet werden, um sie von den Hälsen der Politiker fernzuhalten. Die Bildung, die hier gemeint ist, ist natürlich die *richtige*. Die Perspektiven und das politische Verständnis der Menschen muss demnach begrenzt gehalten werden. Selbiges gilt auch für freies und unabhängiges Denken. Letztlich ist es vor allem der Gehorsam, der geschärft werden soll.

Die erwähnte niederträchtige Maxime und ihre Implementierung hat stets starken Widerstand hervorgerufen. Dieser Widerstand jagte den Eliten Angst ein. Vor vierzig Jahren war die Sorge groß, dass die Bevölkerung sich befreien und dem Gehorsam und der Unterordnung ein Ende setzen würde.

Im liberal-internationalistischen Spektrum bildete sich die Trilaterale Kommission, eine Nichtregierungsorganisation zur Politikbeeinflussung, die die Carter-Administration maßgeblich dominierte. Sie warnte im Jahr 1975 vor zu viel Demokratie und brachte dies unter anderem mit dem Versagen jener Institutionen in Verbindung, die für die »Indoktrinierung der jungen Menschen« verantwortlich seien. Im rechtspolitischen Spektrum war man der Meinung, dass Radikale alles Mögliche übernehmen würden, darunter Universitäten, Medien und Regierungen. Als Reaktion verlangte man von der reichen Geschäftsklasse, ihre wirtschaftliche Macht einzusetzen, um derartige Entwicklungen rückgängig zu machen. Seitdem wurden viele Mittel in Bewegung gebracht, um diese Tat zu vollbringen. Einer davon ist der Privatisierungskreuzzug, um die Kontrolle verlässlichen Akteuren zu übertragen.

Ein weiterer Schritt ist die Erhöhung der Studiengebühren, die seit 1980 um fast 600 Prozent gestiegen sind. Ein derartiges Bildungssystem kreiert eine wirtschaftliche Hierarchisierung, wie sie in anderen Staaten der Welt kaum vorzufinden ist. Zu diesem Schluss kommt Jane Wellman, die ehemalige Direktorin des Delta Cost Project, welches derartige Entwicklungen beobachtet. Die Erhöhung der Studiengebühren treibt Studenten in eine langfristige Schuldenfalle und zwingt sie damit, sich privater Macht unterzuordnen.

Für diese Schritte werden immer Rechtfertigungen wirtschaftlicher Natur genannt, doch sie können meist kaum überzeugen. Sowohl in armen als auch in reichen Staaten, zum Beispiel im benachbarten Mexiko, sind die Studiengebühren entweder kostenlos oder äußerst gering geblieben. Dies war auch in den Vereinigten Staaten einmal der Fall, als es noch ein wesentlich ärmerer Staat gewesen ist. Nach dem Zweiten Weltkrieg konnten sich zahlreiche Studenten aufgrund des G. I. Bill an den Universitäten einschreiben.* Dies war auch ein Faktor des einmaligen Wirtschaftswachstums, einmal ganz abgesehen von der Verbesserung des Lebensstandards.

Auch der Einfluss der Konzerne in den Universitäten hat zu den besorgniserregenden Entwicklungen beigetragen. Ein Beispiel hierfür ist die Umstrukturierung des Personals in den Verwaltungen. Dieses wird zunehmend aus der Privatwirtschaft rekrutiert und nicht wie bisher aus den Fakultäten selbst. Damit einher geht das Gerede von »Effizienz«, das ganz klar eine ideologische, nicht nur eine wirtschaftliche Komponente hat.

Die Entwicklung hatte ebenfalls zur Folge, dass Angebote im Bereich der Pflege, der Ingenieurswissenschaften oder der Informatik an staatlichen Universitäten gestrichen wurden. Schließlich sind diese Studiengänge sehr kostspielig. Gleichzeitig betrifft das aber jene Berufe, in denen der Fachkräftemangel besonders hoch ist, wie die *New York Times* berichtete. Man sieht, dass derartige Entscheidungen die Gesellschaft schädigen, da sie kurzfristige Gewinne über den langfristigen Nutzen stellen und dabei die menschlichen Konsequenzen außer Acht lassen – in Übereinstimmung mit der niederträchtigen Maxime.

* Der G. I. Bill of Rights ist ein US-Bundesgesetz aus dem Jahr 1944. Es trat in Kraft, um den im Zweiten Weltkrieg dienenden US-Soldaten die Wiedereingliederung ins Berufsleben zu vereinfachen. Das Gesetz sah unter anderem Universitätszugänge für jeden Kriegsteilnehmer vor.

Besonders heimtückisch sind die Auswirkungen auf die Lehre. Das Ideal der Aufklärung war eine Idee von Bildung, die wie ein (roter) Faden gelegt wird und dem die Schüler in ihrer individuellen Art und Weise folgen. Dadurch sollten sie ihre eigene Kreativität und Unabhängigkeit entwickeln.

Die schlechtere Alternative dazu ist die Vorstellung von Bildung als Wasser in einem löchrigen Gefäß. Wie löchrig das sein kann, kennen wir aus eigener Erfahrung. Danach besteht das Ziel der Lehre hauptsächlich darin, auf Klausuren vorzubereiten. Darüber hinaus werden weitere Mechanismen gefördert, die das Interesse der Studenten zerstören. Letztlich hat das lediglich den Zweck, alle in eine Form zu pressen und leicht kontrollieren zu können. Gerade das kommt einem heute allzu bekannt vor.

Noam Chomsky im Dezember 2014

Feroz: Man fragt sich, ob es noch möglich ist, den Wandel zu einer besseren Welt zu schaffen. Glauben Sie an die Machbarkeit einer Utopie? Bewegen wir uns nicht ziemlich schnell in Richtung einer sehr dystopischen Welt?

Chomsky: Ich denke, dass niemand derart klug ist, um eine utopische Gesellschaft entwerfen zu können. Man kann auf einige Richtlinien aufmerksam machen oder Verbesserungsvorschläge an den Tag bringen. Man kann über generelle Prinzipien, die man erreichen möchte, debattieren. Es gibt Menschen, zum Teil Freunde, die in der Vergangenheit eine utopische Gesellschaft in ihren Schriften skizziert haben. Meiner Erfahrung nach muss vieles durch gesellschaftliche Versuche erlernt werden. Erwähnenswert sind in diesem Kontext auch die Schriften von Karl Marx. Wer sie kennt, weiß, dass es darin fast gar nichts gibt über postkapitalistische Gesellschaften. Es gibt hier und da lediglich einige Gedankengänge. Seine Intention war, dass nach der Befreiung der Arbeiterklasse, also dem Großteil der Gesellschaft, eine freiere und offenere Gesellschaft kreiert werden kann. Wie diese auszusehen hat, läge dann allerdings in deren Händen. Er ging bereits damals ein wenig zu weit, obwohl er nur einige Ansätze in den Raum warf. Ich denke, wenn wir es schaffen, freie und gerechte Institutionen im gegenwärtigen System zu errichten, haben wir bereits vieles erreicht, das in die richtige Richtung geht.

Natürlich gibt es auch hässliche Entwicklungen. Aber es gibt auch sehr viele konstruktive Ansätze, auch innerhalb der US-amerikanischen Arbeiterklasse. Solche Dinge machen die Elemente einer zukünftigen Gesellschaft aus, und sie würden auch mit den Zielen früherer Denker wie Marx in Einklang stehen.

Es gibt viele Anzeichen dafür, dass wir uns in Richtung einer dystopischen Gesellschaft bewegen. Der berühmte Satz von Gramsci, den er in Mussolinis Kerker verfasst hat, trifft die heutige Realität ganz gut: »Die Krise besteht gerade in der Tatsache, dass das Alte stirbt und das Neue nicht zur Welt kommen kann: In diesem Interregnum kommt es zu den unterschiedlichsten Krankheitserscheinungen.«

Feroz: Könnte man frei nach Marx sagen, dass der Neoliberalismus zum neuen Opium des Volks geworden ist?

Chomsky: Gewiss ist der Neoliberalismus zu keinem neuen Opium geworden. Weltweit wehren sich die Menschen dagegen. Sie protestieren. Vielleicht nehmen einige von ihnen nur nicht wahr, dass der Neoliberalismus das Problem ist. In Europa und in den USA hat der neoliberale Angriff auf die Bevölkerung wirklich sehr krankhafte Symptome hervorgebracht. In den USA war der Neoliberalismus eine Reaktion auf die demokratischen und progressiven Entwicklungen der 1960er-Jahre. Damals ging nämlich auch der Profit der Geschäftsmänner und Konzerne zurück.

Doch dann wurden plötzlich Bücher publiziert, in denen eine »Krise der Demokratie« heraufbeschworen wurde – eine Intervention liberaler Eliten in Europa, den USA und Japan, die ihre Deutungshoheit nicht verlieren wollten. Für sie war die Krise der Demokratie ein Zuviel an Demokratie, und sie wollten verhindern, dass Menschen, die aus diesem Umfeld kamen und für ihre Rechte kämpften, die politische Arena betreten. Die Mächtigen waren aufgebracht und stellten es als eine Delegitimierung der Institutionen dar. Sie waren der Meinung, dass diese Institutionen ihrer Arbeit nicht richtig nachgingen, denn sie gaben den Menschen zu viele Möglichkeiten, zu viele freie Gedanken. Das musste ein Ende finden – und der neoliberale Angriff war eine Antwort darauf. Das Ziel dieser Programme war es, all dem ein Ende zu setzen. Seitdem konzentriert sich das Kapital auch wieder stärker in den Händen weniger, was wiederum für viele Menschen ein wirtschaftlicher Stillstand oder ein Rückgang bedeutete. Die Reallöhne in diesem Land sind das beste Beispiel hierfür. Sie sind im Vergleich zum Jahr 1979 zurückgegangen. Damals wurden die neoliberalen Programme in Kraft gesetzt. Auch in Trumps erstem Amtsjahr gingen die Reallöhne zurück.

Um zurück zu den Medien zu kommen: Dort wird die wirtschaftliche Lage weiterhin gepriesen. Die *New York Times* schrieb vor einigen Tagen, wie toll doch unser Wirtschaftswachstum sei. Aber im 31. Absatz des betreffenden Artikels konnte man klar und deutlich lesen, dass die Reallöhne in diesem wundervollen Wirtschaftssystem zurückgegangen sind. Die Menschen sind wütend über solche Entwicklungen, und diese nehmen oftmals sehr asoziale Formen an. Viele Menschen erkennen nämlich nicht die Wurzeln der Probleme, sie sehen nur die Auswirkungen. Eine Reaktion ist, dass man einen Sündenbock sucht, Menschen, die noch weniger begünstigt sind als man selbst. Man macht Migranten, Schwarze und andere Minderheiten für die eigene prekäre Situation verantwortlich. Das ist eine sehr abscheuliche Entwicklung. Doch man sieht, dass der Neoliberalismus bei Weitem kein »Opium« im Marx'schen Sinne geworden ist. Die Menschen sind wütend, und das sieht man auch in Europa. Bei Wahlen wird immer wieder deutlich, dass die etablierten Parteien der Mitte kollabieren. Die Menschen wollen solchen Parteien nicht mehr ihre Stimme geben.

Ähnlich ist die Lage in den USA im Schatten der Präsidentschaftswahlen 2016. Der Fokus lag auf der Wahl von Donald Trump und seiner Person, die außerhalb des bekannten Spektrums lag. Dies betrifft allerdings nur Trumps Persönlichkeit. Seine Politik ist nämlich die eines klassisch rechtsgerichteten Republikaners. Es ist die Politik des barbarischen Flügels der

Republikaner, die nun durchgesetzt wird. Die aktuelle Steuerpolitik ist ein Beispiel hierfür. Die Reichen und Mächtigen werden mit Geschenken regelrecht überhäuft, während allen anderen der Kampf erklärt wurde. All das ist skandalös.

Das Auffallendste der Präsidentschaftswahl im Jahr 2016 war allerdings etwas anderes, nämlich der Erfolg der Kampagne von Bernie Sanders. Dies war der Bruch mit einer mehr als einhundert Jahre alten Geschichte der amerikanischen Politik. Die Wahlen werden mehr oder weniger gekauft, und zwar im wörtlichen Sinne. Man kann die Ergebnisse der Präsidentschafts- oder Kongresswahlen stets vorhersehen, indem man einfach ein Auge darauf wirft, von wem die jeweiligen Wahlkampagnen finanziert werden. Das passiert, und das ist nur die Spitze des Eisbergs. Hinzu kommen all die Lobbyisten, die praktisch über ganze Gesetzesentwürfe entscheiden. Doch dann kam Bernie Sanders, ein unbekannter Kandidat, der weder von den Medien noch von den Eliten unterstützt wurde. Er wurde kaum beachtet. Trotzdem hätte er wahrscheinlich die Nominierung der Demokraten für sich entschieden, wenn die Parteimanager aus dem Lager Obamas und Clintons dies nicht verhindert hätten. Das ist erstaunlich. Zurzeit ist Sanders die populärste politische Figur im Land. Ein solches Szenario kann auch bei den europäischen Wahlen stattfinden. Was diese Entwicklung deutlich macht, ist, dass die Menschen den Neoliberalismus nicht akzeptieren. Er ist nicht ihr Opium. Stattdessen reagieren sie gegen ihn, manchmal in konstruktiver Art und Weise, manchmal in destruktiver. In Europa können wir die Initiative von Yanis Varoufakis beobachten, DiEM25. Wir müssen abwarten, ob sie sich als erfolgreich erweisen wird oder nicht, doch sie ähnelt den Entwicklungen in den USA mit Sanders, in Großbritannien mit Jeremy Corbyn oder in Spanien mit Podemos.

Um wieder auf Gramsci zurückzukommen: Es ist eine Zeit der Krise. Die alte Ordnung bricht ein, und eine neue hat sich noch nicht entwickelt. Es gibt allerdings Symptome und konstruktive Entwicklungen, die in die richtige Richtung gehen.

Feroz: Manch einer würde behaupten, dass das kommunistische Modell zusammengebrochen ist, weil die Menschen nichts mehr hatten, woran sie glauben konnten. Wie denken Sie darüber?

Chomsky: Das kommunistische Modell zerbrach im Jahr 1917, wenn wir überhaupt – wenn wir von Kommunismus sprechen – im Ansatz das meinen, worüber Marx und Engels schrieben. Man kann über die Argumente diskutieren. Doch bereits kurz nach der bolschewistischen Revolution hat Leon Trotsky die populären sozialistischen Institutionen, die sich spontan entwickelten, abgeschafft. Er demontierte die Fabrikkonzile und erschuf das, was Lenin als »Arbeiterarmee« bezeichnete. Diese Armee stand der Führung unter und musste ihr gehorchen. Was danach geschah, ist bekannt. Das, was damals begann, hatte nicht im Ansatz mit Sozialismus zu tun. Ein grundlegender Aspekt des Sozialismus – weniger des Kommunismus – ist, dass die Arbeiterklasse die Produktion kontrolliert und in der Politik eine klare Stimme hat. Doch hat so etwas in Russland je für einen Moment existiert? Dass all diese Entwicklungen als »Sozialismus« bezeichnet werden, ist ein Triumph von Propaganda. Es gab zwei große Propagandamodelle in der Welt, das große im Westen und das etwas kleinere im Osten. Sie verstanden sich gegenseitig in vielerlei Hinsicht nicht, doch sie teilten die Meinung, dass man das, was in Russland geschah, als »sozialistisch« zu bezeichnen hatte. Die Russen taten das, um sich als moralische Kraft und als Repräsentant des Sozialismus darzustellen. Der Westen tat das, um den Sozialismus zu verunglimpfen. Doch wenn man genau hinschaut, wird man feststellen, dass die USA sozialistischer gewesen sind als Russland. Es gab nie ein kommunistisches Modell. Auch in diesem Kontext sehen wir einen weiteren Triumph westlicher Propaganda. Was in Russland geschah, wird stets als »Versagen des Sozialismus« bezeichnet. Zuallererst war es gar kein Sozialismus. Man kann es nennen, wie man will, aber es war kein Sozialismus. Zweitens, fand ein Versagen wirklich statt? Natürlich war das Regime in vielerlei Hinsicht schrecklich. Doch was war das konkrete Versagen? Im frühen 20. Jahrhundert war Russland eine sehr arme, hauptsächlich aus Bauern bestehende Gesellschaft. Im Vergleich zum Westen geriet diese Region seit dem 15. Jahrhundert immer mehr in den Hintergrund und wurde schwächer. Es gab einige wenige Entwicklungen, Eisenbahnstrecken und Infrastruktur, und im Gegensatz zu anderen sogenannten Dritte-Welt-Staaten gab es eine große Armee. Doch die Gesellschaft war extrem arm und litt darunter. Im Ersten Weltkrieg wurde das Land zerstört, 1918 kam es zu einer Invasion seitens des Westens. Im Zweiten Weltkrieg wurde Russland abermals in starke Mitleidenschaft gezogen und zerstört. Doch ist das Land heute ein Teil der Dritten Welt? Nein, es ist eine wichtige Industrienation. Geschah so etwas in jenen Sphären, die im Einflussbereich der USA standen? 1940 benutzten die Bulgaren noch Pflüge aus Holz. Zwanzig Jahre später produzierten sie hochtechnologisches, elektronisches

Equipment. Geschah so etwas in Guatemala oder El Salvador? Wie gesagt, das sowjetische Regime war brutal in vielerlei Hinsicht, doch für den Maßstab, den wir benutzen, wenn wir von Erfolg sprechen, war dies ein großer Erfolg. Es gab fast nichts Vergleichbares in unseren Breitengraden.

Feroz: Warum kam es dann zum Kollaps?

Chomsky: Die offizielle Narrative ist jene, dass Reagan politisch und militärisch Druck ausübte und damit erfolgreich war. Das hatte aber gar nichts damit zu tun. Es lag vielmehr an John F. Kennedy. Ein genauer Blick macht das deutlich. Als Chruschtschow die Macht in der UdSSR übernahm, bemerkte er sehr klar und deutlich, dass Russland keine erfolgreiche wirtschaftliche Entwicklung nehmen konnte angesichts des viel mächtigeren und reicheren Westens, vor allem nicht, wenn es weiterhin mit einem derart großen Militärbudget belastet würde. Also verlangte er eine scharfe, beidseitige Reduzierung der Militarisierung. De facto begann er unilateral damit, diesen Weg zu beschreiten. Diese Erkenntnisse wurden der Kennedy-Administration vorgelegt. Die US-Regierung war in militärischer Hinsicht ohnehin überlegen. Sie dachten über den Vorschlag nach, doch die Reaktion war eine massive militärische Expansion – womöglich sogar die größte in der modernen Menschheitsgeschichte. Dies und nichts anderes war die Reaktion auf Chruschtschows Angebot und führte unter anderem zur Kubakrise. Chruschtschow machte einen leichtsinnigen Versuch, das Ganze zu kompensieren, und blamierte sich dabei. In der Folge enthoben ihn die Sowjetgeneräle mehr oder weniger der Macht und übernahmen selbst das

Ruder. Es begann ein Rüstungswettlauf. Man versuchte nun, mit der Macht des US-Militärs wieder auf gleicher Höhe zu stehen. Dadurch stagnierte die Wirtschaft und kollabierte am Ende. Doch in welcher Hinsicht kann man von einem wirtschaftlichen Versagen Russlands sprechen? Womit wird hier verglichen? Ich wiederhole: Die Zustände waren schrecklich, die Unterdrückung war abscheulich. Es gab zahlreiche Menschenrechtsverbrechen und Gräueltaten. Doch dies war weder sozialistisch noch gab es ein wirtschaftliches Versagen. In dieser Hinsicht existiert einfach ein unglaublicher Erfolg westlicher Propaganda. Man spricht weiterhin vom Versagen des Sozialismus. Die Fakten widersprechen dieser Narrative.

Feroz: Viele stellen sich die Frage, was Sozialismus eigentlich im 21. Jahrhundert bedeutet.

Chomsky: Wie mit vielen anderen Begriffen, die im politischen Diskurs gebraucht werden, ist es auch mit dem Begriff des Sozialismus nicht so einfach. Er ist ziemlich vage und wird oft angewendet. Ein guter Anfang, der auch den amerikanischen Kontext betreffen würde, wären die Empfehlungen des führenden amerikanischen Sozialphilosophen des 21. Jahrhunderts, John Dewey, der sich für eine Demokratisierung aller Aspekte des politischen, wirtschaftlichen und sozialen Lebens einsetzte. Er war der Meinung, dass Arbeiter die »Herren ihres eigenen industriellen Schicksals« sein sollten und dass die Mittel der Produktion, des Austauschs, der Kommunikation sowie des Transports unter öffentlicher Kontrolle sein sollten. Andererseits würde die Politik die Schattenform der Gesellschaft sein, die von den Reichen und Wohlhabenden geführt wird, während soziale Politik gemäß der Interessen der »Herren« abgestimmt wäre. Diese Definition ist ein guter Anfang, und sie ist tief verwurzelt in den bedeutenden Strängen der Gesellschaft und ihrer komplexen Geschichte.

Feroz: Was man heutzutage unter linken Parteien bemerkt, ist, dass diese sich selbst korrumpieren, sobald sie an der Macht sind. Sie kapitulieren schnell und ordnen sich dann doch dem Kapitalismus unter. Sie beuten die Bevölkerung aus und werden selbst korrupt. Das sieht man unter anderem in Brasilien, Venezuela oder auch in Griechenland. Wie lässt sich das erklären?

Chomsky: Das ist eine traurige Entwicklung. Die Gründe hierfür sind verschieden, doch die Resultate sind zerstörerisch. In Brasilien hatte die Arbeiterpartei enorme Möglichkeiten und wirklich viele Chancen, eine führende Kraft zu werden und dadurch den gesamten Kontinent zu verändern. Obwohl es Errungenschaften gab, wurden viele der Möglichkeiten verworfen. Dies geschah vor allem, als die Parteiführung sich dem Rest der Elite anschloss und in einem Sumpf der Korruption versank.

Feroz: Sie wuchsen in den 1930er-Jahren auf. Die Arbeiterbewegungen in der damaligen Zeit waren sehr aktiv. Was haben Sie davon mitgenommen, und wie könnte man den damaligen Enthusiasmus wieder entflammen?

Chomsky: In den 1920er-Jahren war die Arbeiterbewegung zerstört. Es war praktisch nichts mehr von ihr übrig. David Montgomery, ein Historiker, der sich mit diesen Bewegungen beschäftigte, schrieb ein Buch über die genannte Periode und nannte es »The Fall of the House of Labor«. Es gab eine lebendige, aktive und ebenso radikale Arbeiterbewegung in den Vereinigten Staaten, doch sie wurde zerstört. Die Arbeitgeberklasse hingegen genoss die Unterstützung des Staates. Es war ihnen möglich, die Arbeiterbewegung anzugreifen und zu zerstören. Doch sie richtete sich wieder auf.

Im Grunde genommen zog die Arbeiterbewegung in den 1930er-Jahren an die Front. Es gab Sitzstreiks, die vom Congress of Industrial Organizations organisiert wurden. Die Roosevelt-Administration zeigte der Bewegung gegenüber Sympathien und war gewillt, auf einige ihrer Forderungen einzugehen. Das Ergebnis war der New Deal, der der Bevölkerung und der Wirtschaft sehr guttat. Auch heute kann die Arbeiterbewegung eine Wiedergeburt erleben, ähnlich wie andere populäre Bewegungen. Es gibt auch Grund genug, diesbezüglich hoffnungsvoll zu sein: die positiven Veränderungen, die dank des Aktivismus seit den 1960er-Jahren hervorgebracht wurden. In vielerlei Hinsicht ist die heutige Gesellschaft um einiges zivilisierter als jene, die wir damals hatten. Als ich damit begann, in der Öffentlichkeit Vorträge über den Vietnamkrieg zu halten, fanden diese in Wohnzimmern oder Kirchen statt und wurden nur von einer Handvoll Leuten besucht. Niemand von uns konnte sich vorstellen, dass es wenige Jahre später eine große Antikriegsbewegung geben würde. Doch es gab sie. Ähnliches geschah auch an anderen Fronten. Viele Themen, über die man in den 1960er-Jahren kaum diskutieren konnte, werden nun als selbstverständlich betrachtet: Frauenrechte, die Rechte von Homosexuellen. Niemand interessierte sich für Umweltfragen in den 1960ern. Mittlerweile ist die Sorge sehr groß. Ich denke, dass das ein Anfang ist, um nun – heute – Solidarität, gegenseitige Hilfe, Kooperation und Hingabe wieder herzustellen.

Wir können nicht die Tatsache ignorieren, dass wir uns an einem einzigartigen Punkt der Menschheitsgeschichte befinden. Es ist das erste Mal, dass wir Entscheidungen treffen müssen, von denen das Überleben der Menschheit abhängt. In der Vergangenheit gab es diesen Umstand in dieser Art und Weise nicht. Doch heute gibt es ihn, und er ist wahrhaftig erkennbar.

Feroz: Ein wichtiger Richtungsentscheid wird sein, ob wir es schaffen, die fortschreitende Entwicklung intelligenter Waffensysteme zu stoppen. Gemeinsam mit dem mittlerweile verstorbenen Stephen Hawking und anderen bekannten Persönlichkeiten haben Sie eine Petition unterschrieben, in der sie vor dem Rüstungswettlauf mit Künstlicher Intelligenz warnten. Wie real ist diese Gefahr?

Chomsky: Die große Sorge bezieht sich auf die Automatisierung militärischer Waffen, die eine sehr große Zerstörungskraft haben. In technischer Hinsicht können automatische Systeme beeindruckende Dinge vollbringen, aber es gibt Momente, in denen der menschliche Instinkt eine zentrale Rolle spielt. Diesen haben solche Systeme nicht. Wenn Raketensysteme und nukleare Waffen automatisiert werden, müssen wir mit Fehlern rechnen. Diese Fehler können tödlich sein, wenn es keine menschliche Intervention gibt. Doch da die Systeme immer mehr und mehr automatisiert werden, fällt es auch immer schwieriger, sie zu kontrollieren.

Feroz: In der Petition war auch die Rede von den Vorteilen der KI. Wie sehen diese aus?

Chomsky: Es wäre angenehm, Roboter zu haben, die die Wohnung putzen, Essen kochen oder Auto fahren. Roboter können nützlich sein, manchmal sogar sehr nützlich. Sie können Arbeiten übernehmen, die für Menschen äußerst gefährlich sind – etwa wenn es um Radioaktivität geht. Das gilt auch für Arbeiten, die zu routiniert oder einfach langweilig sind. Meiner Meinung nach sind jegliche Systeme, die unsere Kapazität für ein produktives, erfülltes Leben fördern, willkommen.

Feroz: Die Eigenschaften der menschlichen Natur sind uns bekannt. Es ist auch klar, dass jedes Individuum eigene Stärken und Schwächen hat. Jeder hat gewisse Bedürfnisse und Wünsche. Ist eine egalitäre Gesellschaft machbar und überhaupt wünschenswert?

Chomsky: Die menschliche Natur macht es möglich, zum Heiligen oder zum Sünder zu werden. Jeder von uns hat diese Kapazitäten in sich. Ich sehe allerdings überhaupt keinen Konflikt zwischen der Natur des Menschen und der Vision einer egalitären Gesellschaft. Man kann womöglich behaupten, dass jene mit größeren Talenten und besseren Eigenschaften bereits damit beschäftigt sind, sie anzuwenden. Bezüglich der Machbarkeit von gerechteren und sozialeren Institutionen kann man sich im Vorhinein nie ganz sicher sein. Man muss einfach immer wieder versuchen, neue Maßstäbe zu setzen und das zu tun, was im Bereich des Möglichen liegt. Ich sehe keinen Grund, hier bereits ein Versagen vorherzusehen.

Feroz: Trotzdem machen Sie sich große Sorgen um die Zukunft unseres Planeten. Wie nahe am Abgrund stehen wir wirklich?

Chomsky: Ich denke, dass das menschliche Überleben auf dem Spiel steht. Die ersten Opfer sind – wie so oft – die Schwächsten und Verletzlichsten. Das wird auf den Klimagipfeln immer wieder deutlich. Die Aussichten diesbezüglich sind schlecht. In der Zukunft – falls es eine geben wird – werden sich Historiker erstaunt fragen, was hier los gewesen ist. Jene, die etwas gegen die Katastrophe unternehmen wollen, gelten als »primitive« Gesellschaften: Es sind die indigenen Bevölkerungen Kanadas und Südamerikas und andere Völker der Welt. Wir sehen den Kampf für die Umwelt und deren Schutz, wenn wir nach Griechenland blicken, wo die Einwohner von Skouries in Chalkidiki heroischen Widerstand leisten gegen Eldorado Gold, einem typischen multinationalen Megakonzern, und die Polizeikräfte, die vom Konzern mobilisiert werden. Jene, die unermüdlich damit beschäftigt sind, uns in den Abgrund zu stürzen, sind die reichsten und mächtigsten Gesellschaften der Welt, und sie haben unvergleichbare Vorteile gegenüber den Schwachen, wie man am Beispiel der Vereinigten Staaten und Kanada sieht. Sie handeln nicht rational, sondern tun das Gegenteil. Es hat am ehesten mit der verrückten Rationalität in einer »wahrhaftig existierenden kapitalistischen Demokratie« zu tun.

Feroz: Dass Sie selbst in diesen dunklen Tagen einen derartigen Optimismus an den Tag bringen, ist für viele Menschen erstaunlich. Woher nehmen Sie diese Haltung?

Chomsky: Ich bin fast 90 Jahre alt. Während meiner Kindheit fanden die große Depression sowie der Aufstieg des Faschismus statt. Als ich zehn Jahre alt war, schrieb ich meinen ersten Artikel für eine Schülerzeitung. Es ging darin um den Aufstieg des Faschismus in Europa. So sah die Welt damals aus. Ich erinnere mich an Hitlers Reden, die im Radio gesendet wurden. Ich verstand sie nicht, doch die Reaktion des Publikums konnte man nicht missverstehen. Es war erschreckend. In meiner Nachbarschaft waren wir die einzige jüdische Familie. Die Gegend war typisch katholisch, voll mit Iren und Deutschen. Sie waren keine radikalen Antisemiten, doch sie waren offene Unterstützer der Nazis. Das war die Welt der 1930er-Jahre. Der Faschismus und die Nazi-Ideologie waren kein Witz. Was gegenwärtig passiert, ist in vielerlei Hinsicht hässlich, doch es ist kein Vergleich zur damaligen Zeit. Was seitdem geschah, ist eine komplizierte Geschichte. Es gab Höhen und Tiefen. Es gab den zivilisierenden Effekt des Aktivismus und die neoliberale Regression. Doch wenn man in Betracht zieht, was durch die Anstrengungen des Aktivismus in Anlauf gebracht und erreicht wurde, gibt es Grund genug, optimistisch zu sein.

Feroz: Vielen Dank für das Gespräch!

6 Wie wir die Herren der Menschheit das Fürchten lehren

»Pessimismus sollten wir dem Intellekt und Optimismus dem Willen überlassen«, schreibt Antonio Gramsci in seinen Gefängnisheften. Ich teile diese Meinung. Doch auch der Pessimist muss sich entscheiden: Er wird entweder feststellen, dass ohnehin keine Hoffnung besteht, und das Schlimmste einfach geschehen lassen – oder er wird erkennen, dass es gewisse Möglichkeiten gibt, die gegenwärtigen Umstände irgendwie zu verbessern und handeln. Letztlich kann es nur den Weg des Handelns geben, denn alle großen Probleme, die hier aufgezeigt wurden, können gelöst werden.

Warum Optimismus angebracht ist

In den letzten fünfzig Jahren sind die Gesellschaften der Gegenwart – unsere Gesellschaften – um einiges zivilisierter und fortschrittlicher geworden. Dies betrifft verschiedene Bereiche und lässt sich nicht von der Hand weisen. Das beste Beispiel hierfür sind Frauenrechte, die sich in den letzten Jahrzehnten weltweit verbessert haben. Dies betrifft vor allem westliche Gesellschaften wie die Vereinigten Staaten. Als die Gründungsväter die Unabhängigkeit der USA von den Briten erkämpften, übernahmen sie auch die britische Gesetzgebung. Laut dieser wurden Frauen in erster Linie als Besitz und nicht als Individuen betrachtet. Eine Frau gehörte dem Vater und wurde dann dem Ehemann übergeben. Das änderte sich mit der Zeit, doch es geschah sehr langsam. Erst im Jahr 1975 wurde Frauen in den USA das Recht garantiert, in Geschworenengerichten als gleichwertige Personen zu agieren. Das liegt nur einige wenige Jahre zurück, und das ist nur eine von vielen Veränderungen. Ein weiteres Beispiel ist der Widerstand gegen außenpolitische Aggressionen. Das, was man in diesen Tagen sieht und erlebt, gab es in den 1960er-Jahren in dieser Form noch nicht. Wenn man den Vietnamkrieg mit der Invasion des Iraks vergleicht, wird das besonders deutlich. In der Geschichte des westlichen Imperialismus war es im Fall des Irakkriegs das erste Mal, dass es massenhafte Demonstrationen gab, bevor mit der Invasion überhaupt begonnen wurde. Als die USA in den Süden Vietnams einmarschierte, geschah dies ohne nennenswerte Proteste. Natürlich war der Irakkrieg schlimm genug, doch der Widerstand der Bevölkerung hatte auch eine gewisse Wirkung. Bush, Blair und ihre Komplizen dachten nicht einmal im Traum daran, jene Verbrechen zu begehen, die Kennedy und Johnson in Vietnam verübten, ohne jemals zur Rechenschaft gezogen zu werden. Ein weiteres Beispiel ist der Umgang mit Atomwaffen. Es gibt weltweit eine große Opposition gegen den Gebrauch und die Entwicklung von Atomwaffen. Die Bedrohung eines Atomkriegs ist meiner Meinung nach realer, als es sich viele Menschen vorstellen können, doch es gibt auch den Widerstand dagegen, und dieser könnte weiterhin wachsen und einflussreiche Formen annehmen. Ähnlich verhält es sich auch mit der Umweltkatastrophe, von der wir nun permanent sprechen. Vor vierzig Jahren wurde dies nicht einmal als Problem wahrgenommen. Doch nun hat sich die Wahrnehmung vollkommen geändert. Viele Menschen wissen, dass der Klimawandel ein Problem ist und dass dagegen etwas unternommen werden muss. Natürlich ist all dies noch nicht genug, doch das könnte sich ändern.

Wie der Wandel zu schaffen ist

Der Grund, warum sich Dinge verändern, hat mit der Tatsache zu tun, dass es Menschen gibt, die ständig daran arbeiten. Sie arbeiten innerhalb ihrer Gemeinschaften, an ihren Arbeitsplätzen oder anderswo. Damit schaffen sie die Basis für Bewegungen, die mittels ihres Aktivismus letztendlich Veränderungen herbeiführen. Auf diese Weise nahm so ziemlich alles, was im Laufe der Geschichte geschehen ist, seinen Anfang. Egal, ob dies das Ende der Sklaverei oder demokratische Revolten betraf. In den meisten Geschichtsbüchern wird uns das auch so vermittelt. Doch in diesen Büchern gibt es immer gewisse Führer, die hervorgehoben werden, wie etwa George Washington oder Martin Luther King. Ich will nicht behaupten, dass derartige Persönlichkeiten nicht wichtig gewesen sind. Natürlich spielte King in der Geschichte eine wichtige Rolle. Doch die Bürgerrechtsbewegung war weitaus mehr als eine Person. Der Name Martin Luther King steht in den Geschichtsbüchern, weil viele Menschen, deren Namen nie erwähnt oder vergessen wurden, die Voraussetzungen für den Wandel geschaffen hatten. Jene Menschen, die in den Südstaaten teils gefoltert oder getötet wurden, waren das Fundament der Bürgerrechtsbewegung.

Erst wenn es Aktivisten gibt, Menschen, die eine soziale und politische Veränderung herbeiführen wollen und sich dafür einsetzen, können Menschen wie ich in Erscheinung treten. Wir können prominent werden, weil jemand anderes die Arbeit macht und die Grundsteine legt. Meine Arbeit richtet sich nicht in erster Linie an Intellektuelle oder Politiker, sondern an jene, die man als das einfache Volk bezeichnet. Das, was ich von diesen Menschen erwarte, erfüllen sie bereits, indem sie versuchen, die Welt zu verstehen und so handeln, wie sie es als richtig empfinden. Nur so kann der Wandel zu einer besseren Welt gelingen.

Ich versuche lediglich, eine Art der intellektuellen Selbstverteidigung näherzubringen. Ich meine damit gewiss kein akademisches Studium an der Universität. Dort wird so etwas nämlich nicht gelehrt. Es geht mir vielmehr um die Entwicklung unabhängigen Denkens, und das ist gar nicht so einfach, wenn man alleine ist. Unser vorherrschendes System ist nämlich besonders gut darin, die Menschen voneinander zu isolieren. Jeder ist allein, man ist wie ein Hamster im Rad. Diese Umstände erschweren es, eigene Ideen zu entwickeln und kreativ zu sein. Man kann die Welt nicht alleine ändern. Jene, die diesen Weg beschreiten, tun das, indem sie sich organisieren und zusammenarbeiten. Die intellektuelle Selbstverteidigung, die ich meine, findet stets in einem sozialpolitischen Kontext statt, der für positive Veränderungen absolut notwendig ist.

ISBN 978-3-86489-225-7
304 Seiten
€ 24,00

Jetzt reinlesen!
www.westendverlag.de/mausfeld

Indoktrination statt Information

In den vergangenen Jahrzehnten wurde die Demokratie in einer beispiellosen Weise ausgehöhlt. Demokratie wurde durch die Illusion von Demokratie ersetzt, das Leitideal des mündigen Bürgers durch das des politisch apathischen Konsumenten. Kognitionsforscher Rainer Mausfeld, der mit seinen Vorträgen Hunderttausende begeistert, deckt die Systematik dieser Indoktrination auf und macht uns sensibel für die vielfältigen psychologischen Beeinflussungsmethoden.